WPU Biologie

W0266161

Ökosysteme

Ökosysteme

Schroedel

WPU *Biologie* **Ökosysteme**

Herausgegeben und bearbeitet von:
Michael Kampf, Leipzig
Erhard Mathias, Reutlingen
Dr. Eckhard Philipp, Berlin
Antje Starke, Leipzig

unter Mitarbeit der Verlagsredaktion

Trotz entsprechender Bemühungen ist es nicht in allen Fällen gelungen, den Rechtsinhaber ausfindig zu machen. Gegen Nachweis der Rechte zahlt der Verlag für die Abdruckerlaubnis die gesetzlich geschuldete Vergütung.

Titel: Creativ Collection, Freiburg; 5.2: dpa, Frankfurt; 6.1A: Aitken/Silvestris, Kastl; 6.1B: Reinhard/Okapia, Frankfurt; 6.1C: Prof. Dr. Weber, Reutlingen; 6.1D: Dobers, Walsrode; 10.1A: NAS/Eisenbeiss/Okapia, Frankfurt; 11.4, 11.6: Tegen, Hambühren; 12.1: Dr. Philipp, Berlin; 13.3: Prof. Weber, Reutlingen; 13.5: Wellinghorst, Groß Mimmelage; 15.1:Hartl/Okapia, Frankfurt; 15.2: Pohlner/Okapia, Frankfurt; 15.3: Christen/Okapia, Frankfurt; 27.1, 28.2: Dr. Philipp, Berlin; 28.3: Hanna Instruments, Kehl; 29.4-5: Tegen, Hambühren; 31.1: dpa, Frankfurt; 31.1A: Büttner/Naturbild/Okapia, Frankfurt; 31.1B: Ligges/Mauritius, Mittenwald; 32.2: Büttner/Naturbild/Okapia, Frankfurt; 33.1A: Emschergenossenschaft, Essen; 33.1B: Mayer/Christoph & Friends & Das Fotoarchiv. GmbH, Essen; 33.1C: Emschergenossenschaft, Essen; 36.1: Munzig, Mindelheim; 38.1: Rohdich/Silvestris, Kastl; 39.1: dpa, Frankfurt; 44.1A-D, 45.1A-H, 46.2, 50.1A, 51.1A-D, 51.2A-B, 52.1: Dr. Philipp, Berlin; 56.1: Sackermann/Christoph & Friends & Das Fotoarchiv. GmbH, Essen; 57.4: Tegen, Hambühren; 59.2, 61.2, 62.1: Dr. Philipp, Berlin

Illustrationen:
Heike Möller, Liselotte Lüddecke

Umschlagentwurf:
Kochinke und kein Partner

ISBN 3-507-76385-0

Druck A 5 4 3 2 1 / 2006 2005 2004 2003 2002

Alle Drucke der Serie A sind im Unterricht parallel verwendbar. Die letzte Zahl bezeichnet das Jahr dieses Druckes.

Satz und Repro: O&S Satz GmbH, Hildesheim
Druck: H. Stürtz AG, Würzburg

Lebewesen und ihre Umwelt

Fließgewässer

Stadt

Lebewesen und ihre Umwelt

1 Alle Lebewesen haben eine Umwelt

Weltweit gibt es über 1,5 Millionen Tier- und Pflanzenarten. Sie leben in unterschiedlichen Regionen wie Wüsten, Wäldern, Gebirgen oder Gewässern. All diese Organismen stehen mit ihrer Umwelt in Beziehung. Die Beziehungen kann man vom Einfachen zum Komplizierten folgendermaßen gliedern: Die kleinste Einheit ist ein Einzellebewesen, das **Individuum.** Es könnte zum Beispiel ein Bakterium, ein Pilz, eine Pflanze oder ein Tier sein. Eine Gruppe von Individuen einer Art, die sich untereinander fortpflanzen, bildet eine **Population.** Sie kommt in einem abgegrenzten Gebiet, dem *Lebensraum* vor. Ein Lebensraum, auch Biotop genannt, ist durch charakteristische Umweltbedingungen gekennzeichnet. Ein Trockenrasen ist sonnig und warm, ein Buchenwald dagegen schattig und kühler. Solche Umwelteinflüsse, zu denen außer Feuchtigkeit, Licht und Wärme auch Wind und Bodenbeschaffenheit gehören, nennt man **abiotische** Faktoren. Die Böden eines Biotops unterscheiden sich zum Beispiel in Struktur, Durchlüftung, Nährsalz- und Säuregehalt.
In einem Lebensraum wie dem Wald kommen Populationen verschiedener Tier- und Pflanzenarten vor. Neben Waldmäusen leben dort Rehe, Füchse und verschiedene Vogel-, Insekten- und Pflanzenarten. Sie alle bilden eine *Lebensgemeinschaft,* die **Biozönose.**

Die Beziehungen zwischen den Mitgliedem einer Biozönose sind vielfältig. Eine Waldmaus ernährt sich unter anderem von Wurzeln und Beeren. Sie wird ihrerseits vom Fuchs oder Sperber gefressen. Es ergeben sich also verschiedene Nahrungsbeziehungen. Die Mitglieder einer Population konkurrieren in ihrem Lebensraum um Nahrung und Wohnplätze. Solche Beziehungen der Mitglieder einer Biozönose bezeichnet man als **biotische** Umweltfaktoren. Zu ihnen zählen neben Nahrungsbeziehungen und Konkurrenz auch Krankheitserreger und Parasiten. Auch das Zusammenleben zweier Arten zu ihrem gegenseitigen Vorteil ist ein biotischer Faktor. Hierzu gehören zum Beispiel Symbiosen zwischen Baumwurzeln und Pilzen.

Die Biozönose bildet zusammen mit den unbelebten Elementen, dem Biotop, ein **Ökosystem.** Unsere bisherigen Beispiele ergeben als Ökosystem den Laubmischwald.

Ökosysteme unterscheiden sich in ihrer Größe, Struktur und Artenvielfalt. Allein in Europa findet man die verschiedensten Ökosysteme wie Nadelwälder, Wiesen, Seen, Küstenregionen und Hochgebirge.
Die **Biosphäre** schließlich umfasst den gesamten mit Leben erfüllten Raum der Erde.

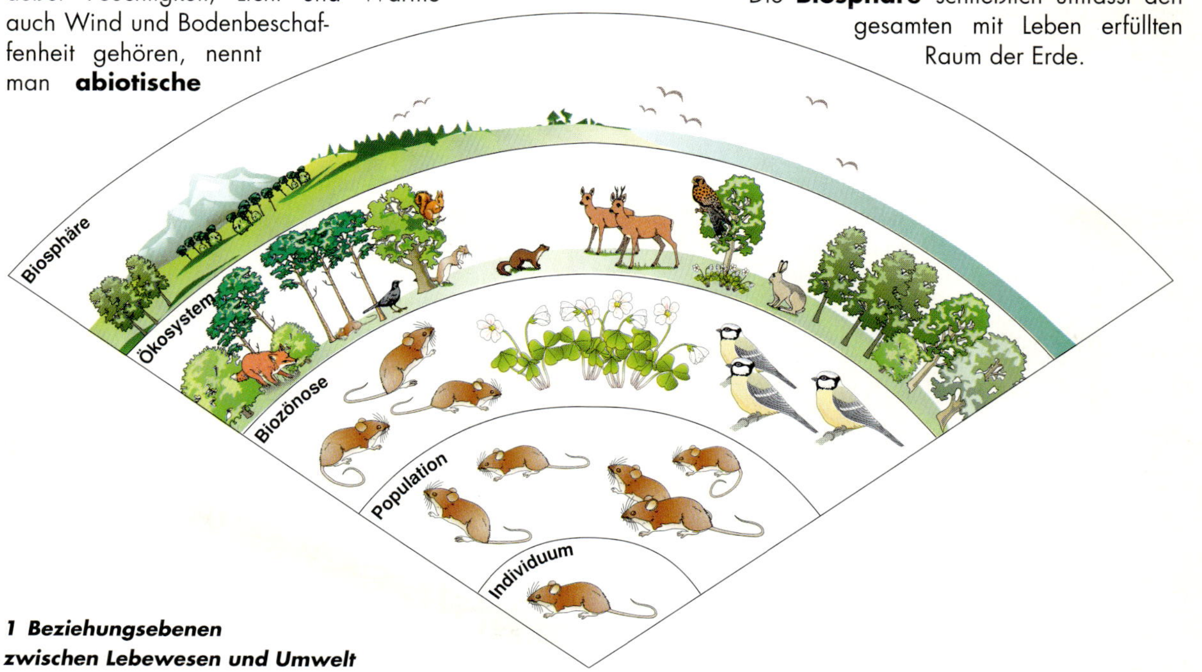

1 Beziehungsebenen zwischen Lebewesen und Umwelt

Die Wechselbeziehungen zwischen Organismen und ihrer Umwelt untersucht die Ökologie. Dieses Teilgebiet der Biologie erfasst auch Umweltbedingungen, Nahrungsbeziehungen und Stoffkreisläufe in Ökosystemen. Der Begriff Ökologie geht auf den Biologen Ernst *Haeckel* zurück, der die Ökologie als Lehre vom Naturhaushalt definierte.
Der Mensch hatte und hat einen größeren Einfluss auf die Umwelt als jede andere Art in der Erdgeschichte. Durch den gewaltigen Anstieg der Weltbevölkerung beanspruchte er immer mehr Raum für Städte, Dörfer und Anbauflächen. Die ökologische Forschung soll auch helfen, Umweltzerstörungen aufzuhalten. Deshalb spielen Arten- und Biotopschutz ebenfalls eine wichtige Rolle in der Ökologie. Ökologen erforschen auch Techniken, die die Umweltverschmutzung verringern.

A1 Erkläre die Begriffe Population, Biotop, Biozönose, Ökosystem und Biosphäre mithilfe der Abbildung 1.

A2 Stelle die abiotischen und biotischen Umweltbedingungen zusammen, die
a) auf eine Waldmaus
b) auf eine Löwenzahnpflanze wirken.

A3 Ein Flaschengarten besteht aus einem fest verschlossenen Glasballon, der etwas feuchte Erde und grüne Pflanzen enthält. Erläutere, warum dieses „Miniökosystem" stabil ist.

A4 Beschreibe die Zielstellungen und das Vorgehen bei der Erforschung der Biosphäre 2. Das Projekt ist wissenschaftlich umstritten. Nimm zu den kritischen Meinungen Stellung.

Biosphäre 2

Exkurs

Biosphäre 2 ist ein 100-Millionen-Dollar-Projekt in der Wüste von Arizona. Es soll eine künstliche Biosphäre entstehen, die unabhängig von der Biosphäre der Erde funktioniert. Dies könnte ein erster Schritt zu „künstlichen Welten" sein, wie man sie für Kolonien auf dem Mond oder fremden Planeten bräuchte.
In der Anlage wurden mit etwa 3800 Tier- und Pflanzenarten sieben Ökosysteme konstruiert. Aus einem tropischen Regenwald führt der Weg an das Ufer eines Mini-Ozeans mit Korallenriff. Außerdem gibt es Marschland, eine Savanne, eine Wüste und landwirtschaftlich genutzte Flächen. Hier liegen auch die Wohnungen der acht Forscher. Alle diese künstlich erschaffenen Ökosysteme werden von gläsernen Kuppeln von der Umwelt abgeschnitten. Eine Stahlwanne verhindert den Stoffaustausch nach unten.
Die Arbeit der Forscher ist eine Mischung aus High-Tech und Handarbeit. Einerseits kontrollieren sie per Computer, ob die Umweltbedingungen konstant bleiben. Andererseits müssen sie Getreide und Gemüse per Hand anbauen. Abfälle werden dabei dem Kreislauf erneut zugeführt.

Das Projekt hat viele Kritiker. Zum Einen spiegeln ein paar tausend Arten nicht die vielfältigen Beziehungen eines Ökosystems wieder. Dies zeigt sich auch darin, dass sich einige Arten massenhaft vermehrten während andere ausstarben. Zum Anderen muss viel Steuertechnik eingesetzt werden. Eine Selbstregulation ist damit kaum gegeben. Ohne Sprinkleranlage würde zum Beispiel der tropische Regenwald austrocknen.

1 Biosphäre 2 in Arizona

1 ***Ökosysteme.*** ***A*** *Korallenriff;* ***B*** *Laubwald;* ***C*** *Wüste;* ***D*** *Stadt*

2 Ökosysteme sind vielgestaltig

Ökosysteme unterscheiden sich in ihrer Größe, Struktur und Artenvielfalt voneinander. Tropische Regenwälder und Korallenriffe sind zum Beispiel reich strukturiert. Sie besitzen verschiedene Lebensräume, in denen viele Arten eine Heimat finden.
Wüsten sind zwar große, aber artenarme Ökosysteme. Durch die extremen Temperaturen und den Wassermangel können hier nur wenige verschiedene Tier- und Pflanzenarten existieren.
Ökosysteme lassen sich in **Landökosysteme** und **Wasserökosysteme** einteilen. Zu den Landökosystemen zählen zum Beispiel tropische Regenwälder, Nadel- und Laubwälder, Wiesen und Wüsten. Wasserökosysteme sind dagegen Ozeane, Korallenriffe, Seen, Teiche und Fließgewässer wie Bach und Fluss. In diesen Lebensräumen spielen neben Temperatur und Licht auch andere abiotische Umweltfaktoren eine Rolle. Zu ihnen gehören Salzgehalt, Sauerstoffgehalt und Strömungen.
Viele Ökosysteme werden durch den Menschen beeinflusst. Je nach dem Grad dieser Beeinflussung unterscheidet man zwischen **natürlichen, naturnahen** und **künstlichen** Ökosystemen. Natürliche, vom Menschen unangetastete Gebiete sind auf der Erde selten geworden. Einige Regenwälder, Tiefseezonen, Eistundren, Wüsten und Inseln könnten noch unberührt sein.
In naturnahen Ökosystemen wie Laubmischwäldern, Hochgebirgen und einigen Seen greift der Mensch kaum ein. Natürliche und naturnahe Ökosysteme erfüllen typische Merkmale. In ihnen treten zum Beispiel geschlossene *Stoffkreisläufe* auf. Außerdem sind Ökosysteme auch offene Systeme, weil sie in Wechselwirkung mit ihrer Umgebung stehen. Sie tauschen Stoffe und Energie zum Beispiel in Form von Wärme aus und sind in der Lage, sich selbst zu regulieren. So gleicht sich ein Überangebot an Beutetieren durch eine steigende Anzahl von Fressfeinden wieder aus. Einzelne Populationen stehen also miteinander im biologischen Gleichgewicht.

Ökosysteme verändern sich im Laufe der Zeit. Besonders deutlich wird das zum Beispiel nach einem Waldbrand. Nach kurzer Zeit besiedeln erste Pflanzen und Tiere die kahlen Flächen. Sie stellen nur geringe Ansprüche an ihre Umwelt und zeichnen sich meist durch eine große Zahl von Nachkommen aus. Diesen Erstbesiedlern folgen weitere Entwicklungsstadien. Als nächstes wachsen vereinzelte Sträucher. Daraus bildet sich eine Buschlandschaft. Diese wird später vom Wald abgelöst. Meist wachsen zuerst Baumarten wie Birken, Pappeln und Vogelbeeren. Man nennt diesen Abschnitt Pionierwald. Nach über hundert Jahren wird wieder ein stabiles Endstadium erreicht. Jetzt steht auf der Fläche ein Laubwald mit Buchen und Eichen. Diese Abfolge der Entwicklungsstadien bezeichnet man als *Sukzession.*
Künstliche oder naturferne Ökosysteme wurden erst durch den Menschen geschaffen. Dazu gehören Städte, Dörfer, Felder und die meisten Wiesenarten. Sie zeigen weniger geschlossene Stoffkreisläufe und können sich nicht selbst regulieren.

A1 Folgende Ökosysteme sind gegeben: Stadt, Fluss, Teich, Wiese und Laubmischwald. Ordne diese in
a) Wasser- und Landökosysteme;
b) natürliche, naturnahe und künstliche (naturfeme) Ökosysteme und
c) artenreiche und artenarme Ökosysteme.

A2 Wähle zwei der oben genannten Ökosysteme aus und beschreibe sie genauer. Gehe dabei auch auf die Beinflussung durch den Menschen ein.

A3 Beschreibe die Abfolge der Entwicklungsstadien nachdem ein Wald gerodet wurde. *Beachte:* Das Gebiet wird nicht vom Menschen beeinflusst.

A4 Biomasse ist die Masse aller lebenden und toten Organismen in einem Ökosystem. Über diese Größe kann man die Produktivität von Ökosystemen vergleichen. Werte dazu folgende Tabelle aus.

Ökosystem	jährliche Biomasseproduktion in g Trockengewicht pro m^2
Tropischer Regenwald	1000 bis 3500
Europäischer Laubwald	400 bis 2500
offener Ozean	2 bis 400
Wüste	0 bis 10
Kartoffelacker	500
Weizenfeld	300

Glossar

abiotische Umweltfaktoren: unbelebte Einflüsse auf einen Organismus zum Beispiel Temperatur, Licht, Boden und Wasser

Artenvielfalt: Nach Schätzungen leben auf der Erde etwa 10 Millionen verschiedene Tier- und Pflanzenarten. Wie viele Arten in einem Ökosystem vorkommen hängt von den Lebensbedingungen ab, die dort herrschen. Durch die Zerstörung von Ökosystemen sterben jedes Jahr bis zu 50 000 Arten aus.

biotische Umweltfaktoren: belebte Einflüsse auf einen Organismus zum Beispiel Artgenossen, Feinde, Nahrung und Parasiten

Biotop: räumlich abgegrenzter, unbelebter Bereich; in dem eine Gemeinschaft aus Pflanzen und Tieren mit ähnlichen Umweltansprüchen lebt; Lebensraum

Biozönose: Gemeinschaft aller im Lebensraum vorkommenden Organismenarten; Lebensgemeinschaft

Konkurrenz: Wettbewerb zwischen Individuen um ein begrenztes Angebot an Nahrung, Wasser, Licht, Raum und andere Ressourcen

Ökologie: Teilgebiet der Biologie; Lehre von den Wechselbeziehungen der Lebewesen untereinander und zu ihrer Umwelt

Ökosystem: funktionelle Einheit von Biotop und dazugehöriger Biozönose; ein Ökosystem ist gekennzeichnet durch offene Stoffkreisläufe und Selbstregulationsvermögen; alle Ökosysteme der Erde bilden die Biosphäre und sind über den Stoffaustausch miteinander verbunden

Parasitismus: wechselseitige Beziehung zwischen zwei verschiedenen Organismen zum einseitigen Vorteil des Parasiten, dabei wird der befallene Wirtsorganismus geschädigt

Population: Gesamtheit der Individuen einer Art, die in einem räumlich abgegrenzten Gebiet leben und sich über mehrere Generationen untereinander fortpflanzen

Stoffkreislauf: Kreislaufprozess, in dem Stoffe auf-, um- und abgebaut werden

Sukzession: zeitliche Abfolge von Entwicklungsstadien in einem Lebensraum, dabei lösen sich im Laufe der Zeit verschiedene Lebensgemeinschaften nacheinander ab; zum Schluss wird ein stabiler Endzustand erreicht (Klimax)

Symbiose: Zusammenleben von Lebewesen verschiedener Arten zum gegenseitigen Nutzen

Umweltschäden: durch den Menschen direkt oder indirekt verursachte Schäden in der Biosphäre; dabei wird die Stabilität und Selbstregulation von Ökosystemen gefährdet; Ursache sind Gifte wie Luftschadstoffe, Schwermetalle, Insektizide u. A.

Fließgewässer

1 Zonen eines Fließgewässers

Fließgewässer sind Wasserökosysteme. Zu ihnen zählen je nach Breite und Fließgeschwindigkeit Bäche, Flüsse und Ströme.

Ein Gebirgsbach entspringt in der **Quellregion.** Hier ist das Wasser klar und die Temperaturen erreichen nur 1 bis 5 °C. In der sich anschließenden Region, dem **Oberlauf,** ist das Wasser ebenfalls klar und kalt. Überall bilden sich Wasserstrudel und kleine Wasserfälle. So wird ständig Luft in das Wasser gewirbelt. Dadurch ist der Sauerstoffgehalt sehr hoch. In der starken und turbulenten Strömung können keine Wasserpflanzen wachsen. Trotzdem gibt es Organismen, die an diesen Lebensraum angepasst sind. Zu ihnen gehört die Bachforelle. Sie lebt räuberisch und ernährt sich von kleinen Insekten und anderen Tieren. Sie lebt bevorzugt in diesem Gewässerabschnitt und wird deshalb auch als **Leitfisch** bezeichnet. Nach ihr heißt der gesamte Bereich *Forellenregion.*

Im nun folgenden **Mittellauf** wird die Fließgeschwindigkeit langsamer, die Temperatur des Wassers steigt und der Sauerstoffgehalt sinkt. Hier findet man zuerst die *Äschenregion,* deren Leitfisch die Äsche ist. Im Anschluss daran folgt die *Barbenregion.* In jedem Fließgewässer werden auch Stoffe abgetragen, transportiert und wieder abgelagert.

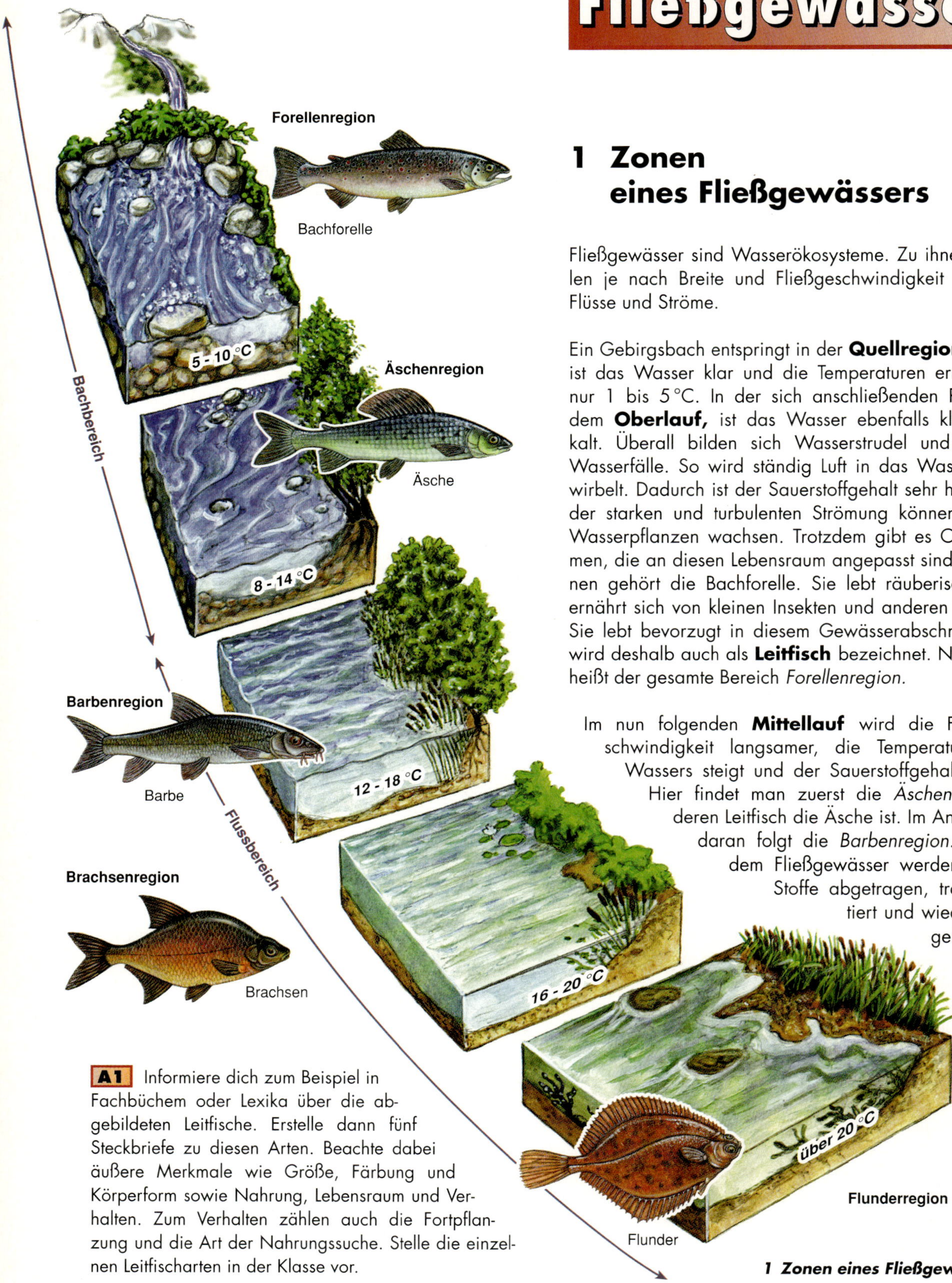

1 Zonen eines Fließgewässers

A1 Informiere dich zum Beispiel in Fachbüchern oder Lexika über die abgebildeten Leitfische. Erstelle dann fünf Steckbriefe zu diesen Arten. Beachte dabei äußere Merkmale wie Größe, Färbung und Körperform sowie Nahrung, Lebensraum und Verhalten. Zum Verhalten zählen auch die Fortpflanzung und die Art der Nahrungssuche. Stelle die einzelnen Leitfischarten in der Klasse vor.

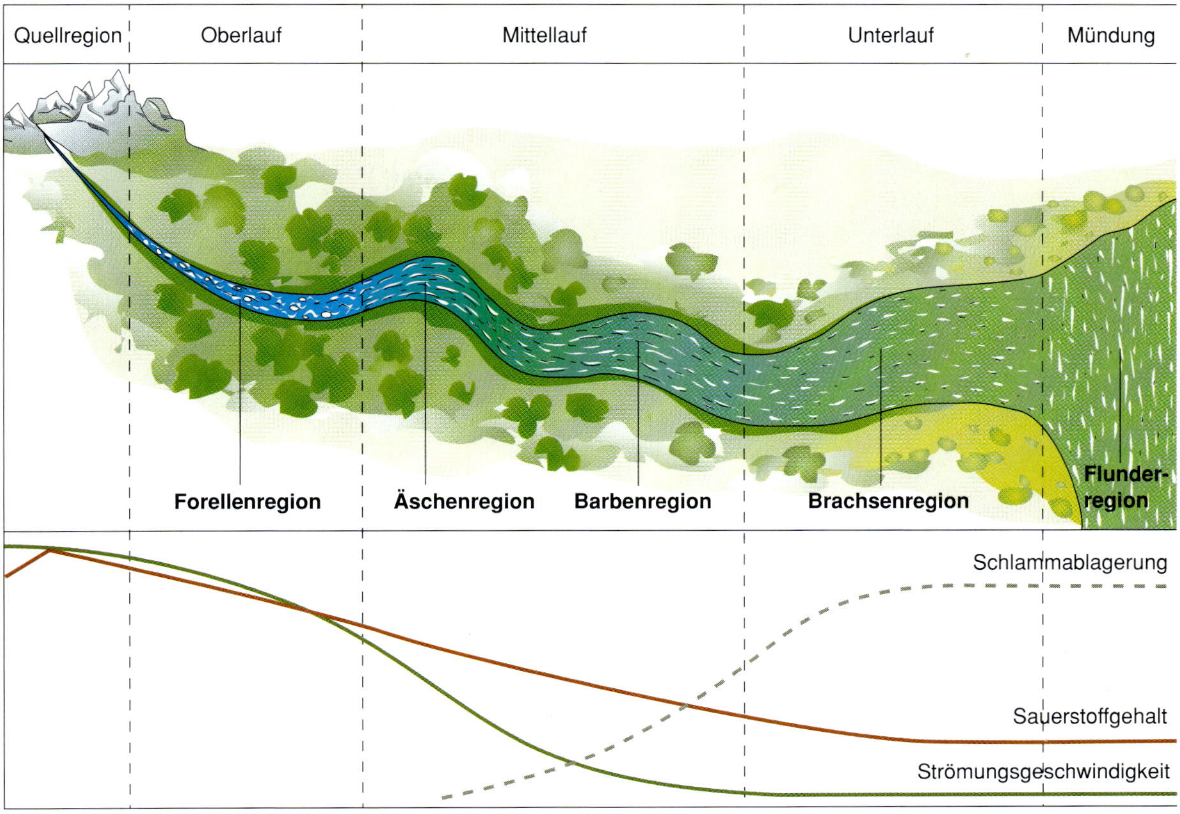

2 Veränderungen der abiotischen Umweltfaktoren in einem Fließgewässer

Der **Unterlauf** eines Flusses, die *Brachsenregion,* ist vor allem Ablagerungsgebiet. Hier strömt das Wasser ruhig und gleichmäßig. Im Flussbett findet man Sand und Schlamm. Seitenarme des Flusses können in diesem Abschnitt ökologisch wertvolle Stillwassergebiete bilden. In ihnen finden seltene Lurche einen Lebensraum und Vögel Brutreviere. Neben dem Leitfisch, der Brachse, leben im Unterlauf auch Schleie, Karpfen, Zander, Plötze und Hecht.

Nach der Brachsenregion fehlt nur noch das **Mündunsgebiet** des Flusses. Hier ist die Strömung sehr schwach. Die Wassertemperaturen erreichen im Sommer sogar 20°C. Das Süßwasser vermischt sich mit salzhaltigem Meerwasser. Es enthält wenig Sauerstoff und ist Lebensraum für Kaulbarsch und Flunder.

Ein Fließgewässer gliedert sich also in einen Bachbereich und einen Flussbereich. Nach dem jeweiligen Leitfisch unterteilt man im Bachbereich Forellen- und Äschenregion. Im Flussbereich folgen Barben-, Brachsen- und Flunderregion. Diese Gliederung ist keineswegs starr, da die Leitarten auch gemeinsame Übergangsräume besiedeln. Außerdem kann man schon bei geringfügigen Veränderungen der Umweltfaktoren beobachten, dass einige Fischarten ab- oder zuwandern. Auch bei den Laichwanderungen kommt es zu Überschneidungen.

A2 Stelle die einzelnen Lebensbedingungen in den Fischregionen für den Sommer zusammen. Lege dazu eine Tabelle an. Vergleiche Wassertemperatur, Sauerstoffgehalt, Strömungsgeschwindigkeit, Bodenbeschaffenheit, Pflanzenwuchs und Schlammablagerungen. Wenn du für die einzelnen abiotischen Faktoren keine genauen Zahlenwerte hast, wählst du die Kategorien sehr hoch, hoch, mittel, gering und sehr gering.
Nutze als Arbeitsmaterial die Abbildungen 1 und 2 auf dieser Seite.

A3 Eine Bachforelle hat, von vorn gesehen, eine ziemlich runde Körperform, während eine Brachse eine hohe, sehr schmale Form hat. Stelle einen Zusammenhang zwischen dem jeweiligen Lebensraum und der Körperform her.

A4 Um Überschwemmungen einzudämmen, wurde im Oberrhein der Fluss mehrfach durch Baumaßnahmen reguliert. So wurden zum Beispiel Seitenarme durch Dämme abgeschottet und Staustufen angelegt. Der Fluss wurde begradigt, um die Schiffbarkeit zu erhöhen. Bewerte diese Maßnahmen aus ökonomischer und ökologischer Sicht.

Eigenschaften von Wasser

V1 Oberflächenspannung

Material: zwei Büroklammern, Alufolie, Schere, Petrischale oder andere flache Schale

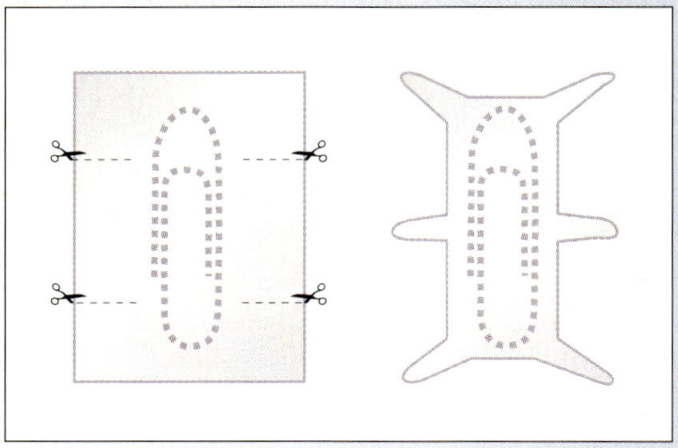

Durchführung: Schneide für jede Büroklammer ein Rechteck aus Alufolie zu. Packe dann die Büroklammer so in das Folienrechteck, dass rechts und links Folie übersteht. Orientiere dich an der Abbildung unten. Schneide die überstehende Folie zweimal ein. Forme deinem „Wasserinsekt" nun sechs Beine. Fülle eine flache Schale zur Hälfte mit Wasser und setze die „Insekten" vorsichtig auf die Wasseroberfläche.

Aufgaben: a) Notiere deine Beobachtungen.
b) Wasserinsekten wie Teich- und Wasserläufer können sich auf dem Wasser fortbewegen.

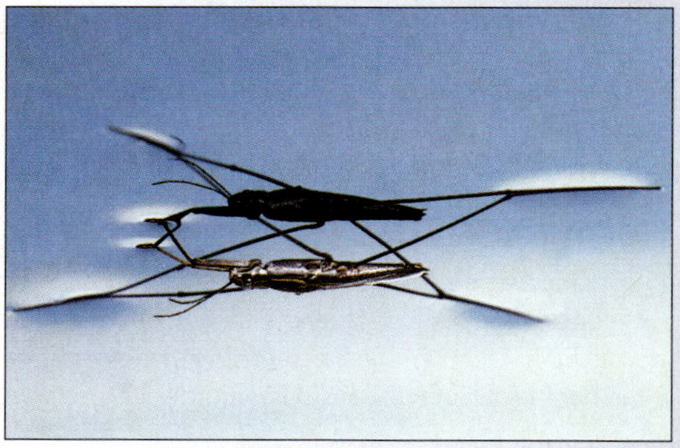

Erkläre dieses Phänomen mithilfe des durchgeführten Versuches.
c) Du kannst noch einen weiteren Versuch durchführen. Dafür brauchst du etwas Spülmittel. Setze dazu die zwei selbst gebastelten Wasserinsekten in die Mitte der Schale. Gib vorsichtig einen Tropfen Spülmittel zwischen sie. Was kannst du beobachten? Finde eine Erklärung.

V2 Gefrieren und Schmelzen

Material: zwei Bechergläser oder Trinkgläser, Löffel, Eiswürfelform, Lebensmittelfarbe oder Tinte, Wasser
Durchführung: Fülle ein Glas zur Hälfte mit Wasser und gib ein paar Tropfen Farbstoff dazu. Rühre um und gib das gefärbte Wasser in eine Eiswürfelform. Lass es über Nacht gefrieren. Gib dann einen farbigen Eiswürfel in ein Glas mit Leitungswasser und beobachte.

Aufgaben: a) Zeichne eine Skizze zur Versuchsdurchführung.
b) Notiere deine Beobachtungen und erkläre sie. Beachte dabei, dass Wasser bei 4 °C die größte Dichte hat.
c) Die Zeichnung zeigt einen See im Winter.

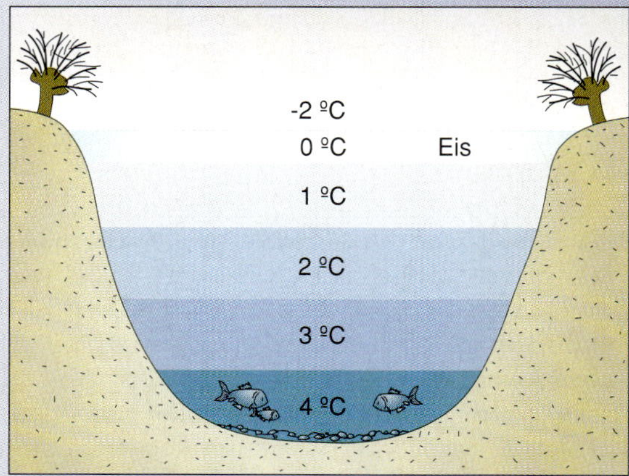

Beschreibe die Schichtung. Welche Bedeutung hat die unterschiedliche Dichte des Wassers für das Leben im See?

V3 Gelöste Luft im Wasser

Material: zwei mittlere Bechergläser (250 ml), Folienstift, Wasser
Durchführung: Zeichne mit einem wasserfesten Folienstift außen auf beide Bechergläser ein Quadrat mit einem Zentimeter Kantenlänge. Fülle nun beide Gläser langsam mit Leitungswasser. Stelle ein Glas an einen warmen Ort zum Beispiel auf die Fensterbank über der Heizung. Das andere Glas stellst du an einen kalten Ort zum Beispiel in den Kühlschrank.

Aufgaben: a) Zähle nach 30 Minuten die Luftbläschen in den Quadraten.
b) Erkläre das Versuchsergebnis.

V4 Sauerstoffreiches Wasser

Material: abgekochtes und anschließend gekühltes Wasser, zwei mittlere Bechergläser (250 ml), Folienstift, Rührgefäß, Mixer

Durchführung: Zeichne mit einem wasserfesten Folienstift außen auf beide Bechergläser ein Quadrat mit einem Zentimeter Kantenlänge. Fülle nun das erste Becherglas mit einem Teil des vorbereiteten Leitungswassers und stelle es an einen kühlen Ort. Verquirle den Rest des Leitungswassers etwa eine Minute lang. Fülle mit diesem das zweite Becherglas und stelle es neben das erste.

Aufgaben: a) Werte den Versuch aus.

b) Beschreibe, wie man sauerstoffarmes Wasser in Seen und Flüssen mit Sauerstoff anreichern könnte.

V5 Wasser ist ein gutes Lösungsmittel

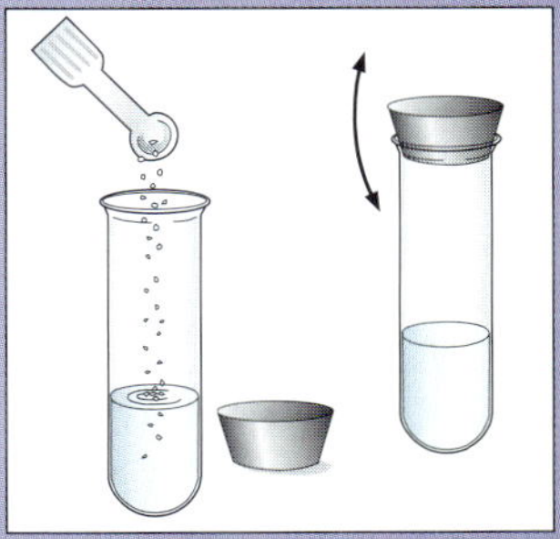

Material: 5 Reagenzgläser, Stopfen, Wasser, Salz, Essig, Zucker, Speiseöl, Waschpulver, Pipette, Spatel oder Löffel

Durchführung: Fülle in 5 Reagenzgläser je 3 cm hoch Wasser. Gib dann die zu prüfenden Stoffe dazu. Arbeite immer mit kleinen Mengen. Verschließe das Reagenzglas mit dem Stopfen und schüttele.

Aufgaben: a) Prüfe, welche der oben genannten Stoffe in Wasser löslich sind.

b) Begründe, warum Waschpulver sparsam verwendet werden sollte.

V6 Säure- oder Basengehalt eines Gewässers

Material: pH-Papier (z.B. Unitest), verschiedene Wasserproben zum Beispiel Leitungswasser, Regenwasser, Mineralwasser, Seewasser, Waschmittellösung, Essigwasser, Tüpfelplatte, Uhrgläser oder kleine Reagenzgläser

Durchführung: Fülle von jeder Wasserprobe etwas in eine Tüpfelplatte oder Uhrgläser oder kleine Reagenzgläser ab. Nimm ein Stück pH-Papier und tauche es kurz in die erste Wasserprobe. Vergleiche dann die Farbe des Papiers mit der vorgegebenen Farbskala. Notiere den pH-Wert der getesteten Lösung. Verfahre genauso mit den anderen Proben.

Aufgaben: a) Lege eine Tabelle mit den untersuchten Lösungen und den ermittelten pH-Werten an. Entscheide, ob die Wasserproben sauer (der Wert ist kleiner als 7), neutral (der Wert ist genau 7) oder basisch (der Wert ist größer als 7) sind.

b) Für Gewässer ist vor allem ein zunehmender Säuregrad ein Problem. Ursache dafür sind vor allem Luftschadstoffe, die mit Wasser Säuren bilden. Basische Abfälle wie Seifenlauge werden dagegen nur selten eingeleitet. Werte dazu die unten abgebildete Grafik aus.

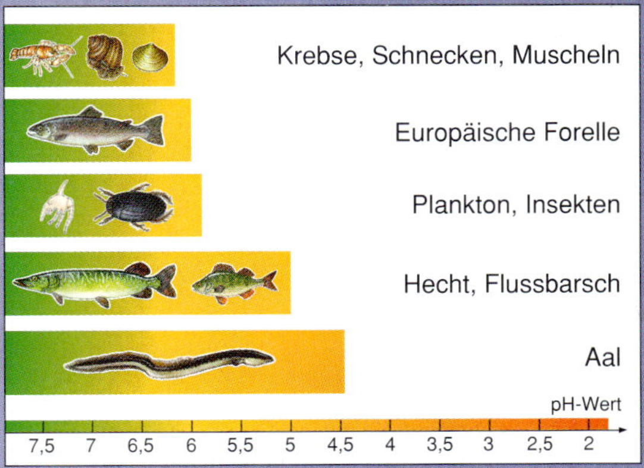

***1** Vorkommen im Wasser lebender Tiere bei unterschiedlichen pH-Werten*

1 Natürlicher Bachlauf

***2 Pflanzen der Uferregion A** Erle; **B** Brennnessel; **C** Froschlöffel; **D** Pestwurz; **E** Bachbunge; **F** Weide*

2 Pflanzen der Fließgewässer

Bäche und Flüsse weisen oft sowohl an ihren Ufern als auch im Gewässer selbst einen reichen Pflanzenwuchs auf. **Landpflanzen,** die im Uferbereich wachsen, müssen an ständig feuchten Boden und gelegentliche Überschwemmungen angepasst sein. Charakteristische Bäume der Uferregion sind *Weide* und *Erle*. Ihr umfangreiches Wurzelwerk gibt ihnen sicheren Halt, sodass sie auch bei Überschwemmungen nicht gefährdet werden. Sollten sie, zum Beispiel durch Eis, bei Überschwemmungen oder Unterspülen der Ufer beschädigt werden, können sie durch Stockausschläge schnell neuen „Nachwuchs" bilden. Krautige Pflanzen wie die *Pestwurz* dagegen werden bei Überschwemmungen leicht mit dem Strom mitgerissen. Oft bleiben jedoch die Wurzeln und Erdsprosse im Boden und sie beginnen bald wieder auszutreiben.

Im Verlauf eines Jahres bleibt der Wasserstand des Baches nicht gleich. Im Frühjahr fließt, bedingt durch die Schneeschmelze und viele Niederschläge die größte Wassermenge. Im Hochsommer führt der Bach meist nur wenig Wasser. Viele Pflanzenarten sind durch ihren Bau an diese schwankenden Wasserstände angepasst. So gibt es zum Beispiel vom *Froschlöffel* völlig unterschiedlich aussehende Exemplare. Neben einer Landform, die am Ufer wächst, findet man noch häufig Formen, die halb im Wasser und halb auf dem Land oder völlig untergetaucht leben.

Schwimmpflanzen sind an schwankende Wasserstände angepasst. Viele von ihnen haben biegsame Stängel und halten damit ihre Blätter und Blüten ständig an der Wasseroberfläche. Eine weitere Form der Angepasstheit ist die Ausbildung verschiedenartiger Blätter an derselben Pflanze. So wird beim *Wasserhahnenfuß* zwischen Schwimmblättern und Tauchblättern unterschieden. Die Schwimmblätter haben eine große Fläche und die Spaltöffnungen, mit denen die Pflanzen Kohlenstoffdioxid aufnehmen und Wasserdampf und Sauerstoff abgeben, befinden sich ausschließlich auf der Blattoberseite, die mit der Luft in Kontakt steht. Hier kann ein Gasaustausch stattfinden. Die Tauchblätter dagegen sind fein gefiedert. Sie haben damit auch eine große Oberfläche. Über diese Oberfläche findet der Gasaustausch mit dem Wasser statt, indem Sauerstoff und Kohlendioxid gelöst sind.

Solche Blätter haben auch **Tauchpflanzen** wie zum Beispiel *Hornblatt* und *Tausendblatt,* die ständig unter Wasser leben. Auch sie betreiben Gasaustausch über die gesamte Blattoberfläche. Diese Pflanzen haben überhaupt keine Spaltöffnungen.

Neben den schwankenden Wasserständen und den Ansprüchen, die ein Leben unter Wasser an die Pflanzen stellt, müssen sie auch an die hohe Fließgeschwindigkeit in Bergbächen oder im Oberlauf von Flüssen angepasst sein. Pflanzen, die dort leben, haben lange biegsame Stängel und tief geschlitzte Blätter. Damit können sie sich einerseits jeder Wasserbewegung anpassen und bieten andererseits der Strömung wenig Angriffsfläche.

A1 In der unteren Abbildung ist Wasserhahnenfuß mit seinen zwei typischen Blattformen abgebildet
a) Benenne die Blattformen A und B.
b) Erläutere das Auftreten von unterschiedlichen Blattformen bei dieser Pflanze.
c) Nenne weitere Wasserpflanzen, die diese Angepasstheiten zeigen.

3 Wasserhahnenfuß

A2 Viele Wasserpflanzen bilden Blüten aus und vermehren sich durch Früchte und Samen. Durch das Leben am und im Wasser zeigen Samen und Früchte typische Angepasstheiten.
a) Finde in der unteren Abbildung die Samen und Früchte heraus, die durch das Wasser verbreitet werden.
b) Beschreibe die Angepasstheiten an die Verbreitung durch das Wasser.

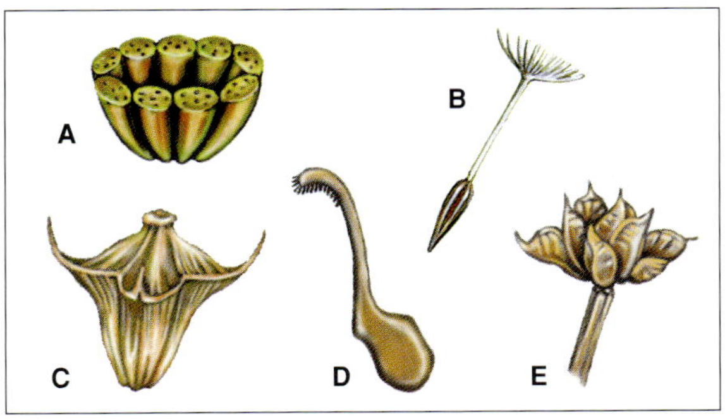

4 Verschiedene Früchte

A3 Beschreibe wie Froschlöffel und flutender Hahnenfuß an ihre Lebensbedingungen angepasst sind.

5 Pflanzenwuchs in einem Wiesenbach

6 Pflanzen am und im Fließgewässer.
A *Tausendblatt;* **B** *flutender Hahnenfuß;* **C** *Hornblatt;* **D** *Wasserpest;* **E** *Sumpfvergissmeinnicht;* **F** *Sumpfdotterblume*

3 Tiere der Fließgewässer

Ebenso wie Pflanzen sind auch die Tiere eines Fließgewässers an das Leben im Wasser angepasst. Um sich mit dem lebensnotwendigen Sauerstoff zu versorgen, haben viele Tiere wie Fische, Krebse und Muscheln **Kiemen.** Mit ihnen können sie den gelösten Sauerstoff aus dem Wasser entnehmen. Die Larven vieler Insekten wie zum Beispiel Libellenlarven oder einige Eintagsfliegenlarven haben eine besondere Form der Kiemen, die *Tracheenkiemen.* Auf blattartigen Anhängseln befinden sich zahlreiche feine Tracheen. Durch ihre dünnen Wände findet der Gasaustausch statt. Andere Tiere nehmen über ein langes **Atemrohr** an der Wasseroberfläche Luft auf. Dies findet man zum Beispiel bei *Stabwanzen* und *Wasserskorpionen.*
Gelbrandkäfer und *Rückenschwimmer* nehmen Luft direkt an der Wasseroberfläche auf und speichern sie unter den Flügeldecken. Die *Wasserspinne* dagegen legt unter Wasser „Luftspeicher" an. Sie baut ihr Netz zwischen die Wasserpflanzen. An ihrem behaarten Hinterleib transportiert sie Luftblasen unter die Wasseroberfläche und speichert sie in ihrem Netz. Um unter Wasser auf Beutefang zu gehen, trägt die Wasserspinne einen kleinen Luftvorrat an ihrem Hinterleib. Damit kann sie sich unabhängig von der Luftblase in ihrem Netz im Wasser bewegen.

Die Wasserströmung stellt eine weitere Bedingung der Fließgewässer dar, an die die Tiere angepasst sein müssen. Fische wie die *Bachforelle* haben eine **Stromlinienform.** Damit bieten sie der Wasserströmung nur einen geringen Widerstand. Außerdem verfügen die Tiere über eine muskulöse Schwanzflosse, die sie vorantreibt.
Kleintiere haben oft stark abgeflachte Körper und Saugnäpfe. Mit den Saugnäpfen saugen sich zum Beispiel *Lidmückenlarven* an Steinen fest. So werden sie von der Strömung nicht mitgerissen.
Eine besondere Technik haben *Köcherfliegenlarven* entwickelt. Sie leben in einer Umhüllung, die sie selbst aus kleinen Steinen und Pflanzenresten bauen. Damit erhöhen sie ihr Gewicht und können am Gewässergrund leben. Zusätzlich krallen sich die Larven an Steine und Wurzeln, die in das Wasser ragen.

A1 Nenne Angepasstheiten des Körperbaus bei Wassertieren in Fließgewässern.

A2 Beschreibe Möglichkeiten der Atmung bei Lebewesen der Fließgewässer.

A3 Erläutere die Angepasstheiten bei der Larve einer Eintagsfliege in einem Bergbach. Nutze Abbildung 1B.

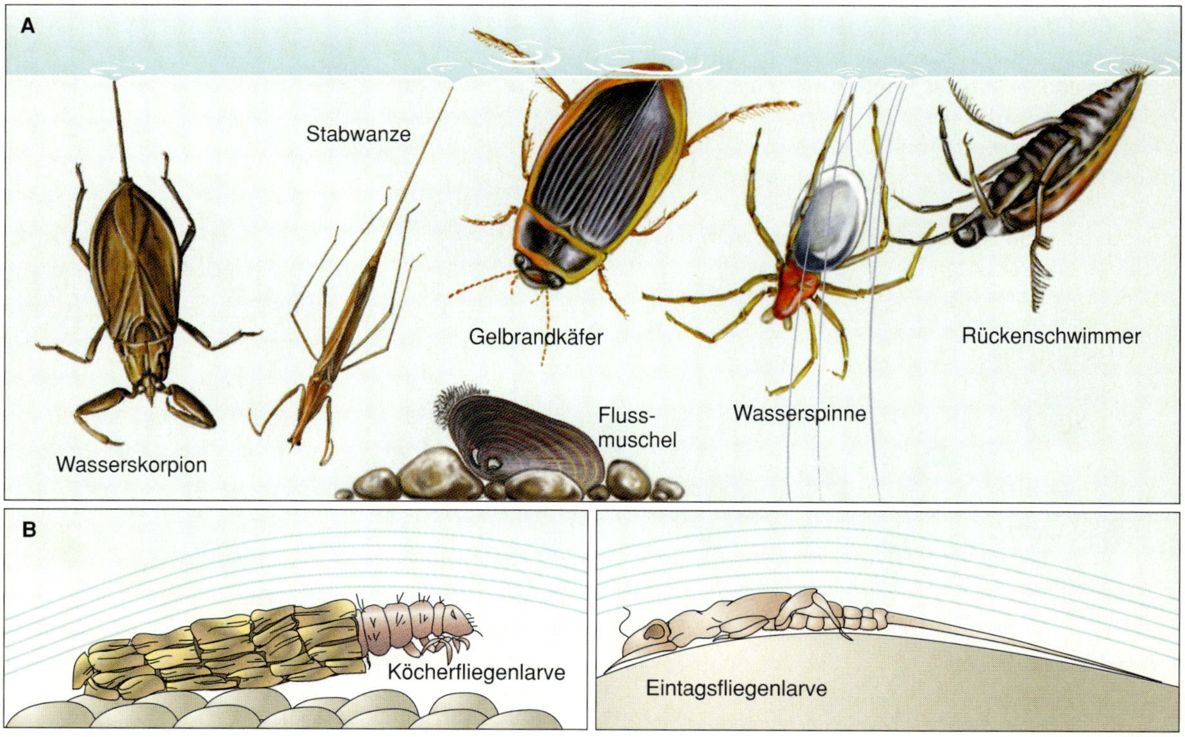

1 Anpassungen bei Tieren der Fließgewässer. A *Atmung;* ***B*** *Strömung*

Exkurs

Bitterlinge zeigen ein besonderes Fortpflanzungsverhalten

Der *Bitterling* ist ein Kleinfisch sauberer Gewässer. Bemerkenswert ist sein Fortpflanzungsverhalten. Dazu brauchen die paarungsbereiten Tiere eine *Flussperlmuschel* oder *Teichmuschel*. Mithilfe einer Legeröhre bringt das Weibchen die Eier in das Innere der geöffneten Muschel. Danach werden vom Männchen die Samenzellen vor der Atemöffnung der Muschel abgegeben und gelangen so zu den Eizellen. Anschließend wird die äußere Befruchtung vollzogen. Die befruchteten Eier entwickeln sich geschützt in den Kiemen der Muschel. Erst nach dem Schlüpfen gelangen die zunächst winzigen Fische mit dem Ausströmwasser der Muschel in das freie Wasser. Auch die Muschel profitiert von der Partnerschaft mit dem Bitterling. Ihre Fortpflanzungsperiode fällt mit der des Fisches zusammen. Ihre winzigen Larven setzen sich in den Kiemen des Bitterlings fest und verbleiben dort so lange, bis sie eine schützende Schale gebildet haben. Diese Form des Zusammenlebens zweier Arten bei denen beide einen Nutzen haben nennt man **Symbiose.**

1 Teichmuschel und Bitterlinge

Exkurs

Einwanderer in unsere Flüsse

Bei einem Spaziergang an Rhein, Weser oder Elbe kann man zwischen den Steinen am Ufer die Chitinpanzer von Krabben finden. Bei den Krabben handelt es sich um die *Chinesische Wollhandkrabbe*. Diese Tiere, die größer als unsere einheimischen Strandkrabben sind, wurden 1912 mit Schiffsladungen aus China eingeschleppt. Sie fanden in unseren Flüssen ein reiches Nahrungsangebot und hatten kaum natürliche Feinde. Somit konnten sie sich rasant ausbreiten.
Sie vermehren sich so stark, dass sie an bestimmten Stellen die Netze der Flussfischer verstopfen und den Fischfang gefährden. Nur durch gezieltes Fangen der Tiere ist eine weitere Ausbreitung zu verhindern.

Andere Einwanderer wurden bewusst in unsere Flüsse eingesetzt. Schon Ende des 18. Jahrhunderts stellte man bei den heimischen Edelkrebsen eine Pilzkrankheit, die so genannte Krebspest fest. Deshalb wurde um 1890 aus Nordamerika der *Amerikanische Flusskrebs* in unsere Gewässer eingebracht. Er ist resistent gegen die Pilzkrankheit und weniger anfällig gegen Gewässerverschmutzungen. Er ist heute in fast allen Fließgewässern heimisch und hat den Edelkrebs fast gänzlich aus unseren Bächen und Flüssen verdrängt.

A1 Nenne und erläutere Gründe, warum die Bekämpfung der Wollhandkrabbe schwierig ist.

1 Chinesische Wollhandkrabbe

2 Amerikanischer Flusskrebs

Exkurs

Ernährungsspezialisten

Wie alle anderen Tiere auch, müssen die Tiere der Fließgewässer fressen, um zu überleben. Dabei gibt es verschiedene Möglichkeiten, Beute zu fangen.

Strudelwürmer oder *Planarien* werden in der Regel ca. 15 Millimeter groß. Sie tragen ein dichtes Wimpernkleid, mit dessen Hilfe sie sich fortbewegen und ständig Frischwasser zustrudeln. Ihr Mund mit der Schlundöffnung befindet sich auf der Bauchseite im unteren Drittel. Die Tiere produzieren einen zähen Schleim. Damit werden die Beutetiere zunächst bewegungsunfähig gemacht. Anschließend geben sie Verdauungssäfte ab, die die Beutetiere auflösen. Mithilfe des sehr beweglichen, ausfahrbaren Schlundes werden die Beutetiere danach ausgesaugt. Planarien fressen alle Tiere, die sie überwältigen können, zum Beispiel Wasserflöhe, Asseln, Würmer und Insekten.

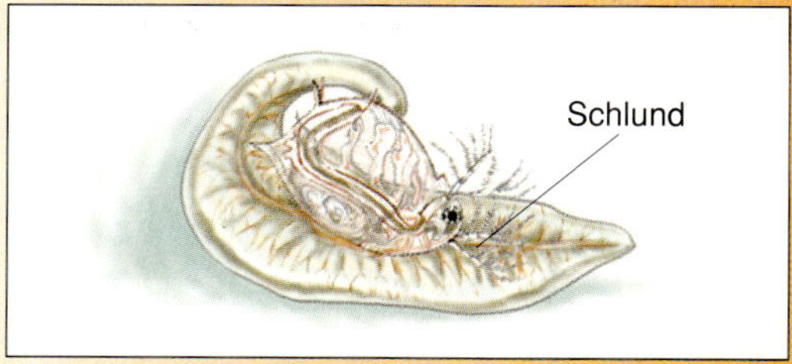

1 Planarie mit erbeutetem Wasserfloh

Auch die Larven von Libellen weisen eine besondere Form des Beuteerwerbs auf. Sie leben räuberisch und halten sich gut getarnt zwischen Wasserpflanzen verborgen. Dort warten sie auf Beute. Nähert sich ein Beutetier, schlagen sie blitzschnell zu. Ihre Unterlippe ist zu einer Fangmaske umgebildet. In nur einer Hundertstel Sekunde schnellt diese Fangmaske nach vorn und umklammert ihre Beute. Die Kiefer zerkleinern die Beute, bevor sie aufgenommen wird. Libellenlarven können Fische fangen, die doppelt so groß sind wie sie selbst.

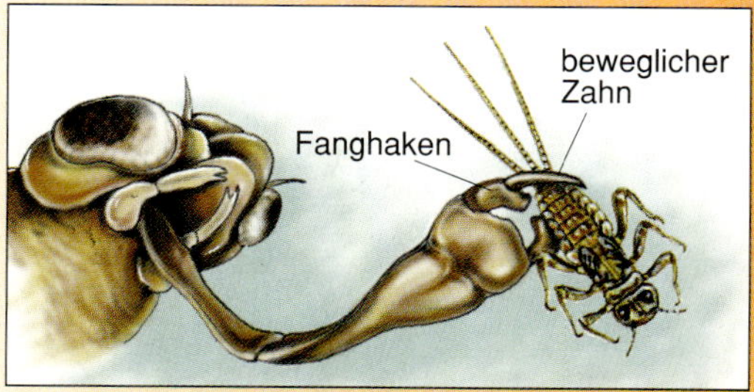

2 Fangmaske einer Libellenlarve

Praktikum

Tiere der Fließgewässer

V1 Modellversuch zum Strömungswiderstand

Material: verschieden geformte Holzstücke gleicher Masse mit Haken, Federkraftmesser (Messbereich bis 1,5 Newton), großes Gefäß mit Wasser (zum Beispiel Badewanne oder Versuch an einem Gewässer durchführen), Schnur

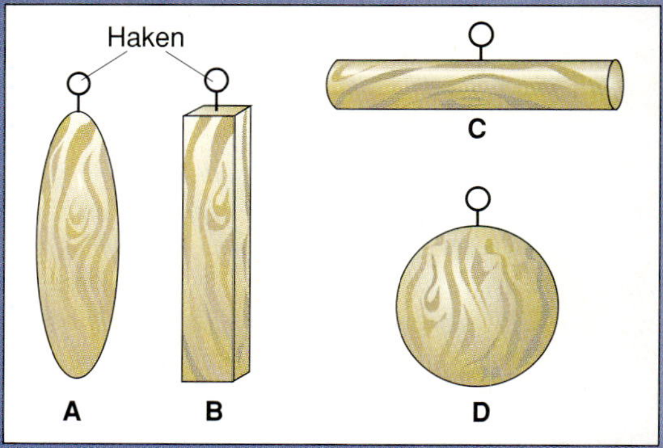

Durchführung: Befestige den Federkraftmesser mit der Schnur an den verschiedenen Holzformen. Ziehe nun jeweils die Holzform durch das Wasser und lies die Kraft ab, die dazu benötigt wird. Achtung: Der Federkraftmesser darf dabei nicht ins Wasser gelangen.

Aufgaben: a) Stelle die Ergebnisse deiner Untersuchung in einer Tabelle zusammen.

b) Finde die Form heraus, die du mit der geringsten Kraft durch das Wasser ziehen kannst.

c) Übertrage deine Ergebnisse auf Wassertiere.

V2 Muscheln sind Filtrierer

Material: 500 ml Becherglas, Wasser (aus dem Aquarium, aus dem die Muschel entnommen wurde), Teichmuschel (zum Beispiel aus dem Zoofachhandel oder Gartencenter), Pipette, Farbstofflösung (zum Beispiel Lebensmittelfarbstoff oder Rote Beete-Saft)

Durchführung: Orientiere dich bei der Versuchsdurchführung immer an der nebenstehenden Abbildung. Fülle das Becherglas zur Hälfte mit Wasser. Setze nun die Muschel so in das Becherglas, dass die flache Seite nach unten zeigt. Warte bis sich die Muschel öffnet und du in die Öffnung hineinsehen kannst. Hat sich die Muschel nach circa 15 Minuten nicht geöffnet, musst du

den Versuch mit einer anderen Muschel durchführen.
Sauge nun mit der Pipette wenig Farbstofflösung an und halte die Pipette an die Stelle der Muschel, die die Abbildung zeigt. Lasse langsam wenig von der Lösung austreten. Beachte, dass du dabei die Muschel nicht berührst.

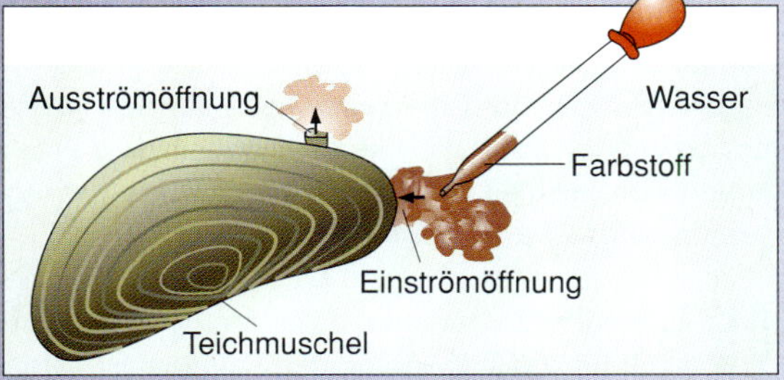

Aufgaben: a) Beobachte und protokolliere deine Beobachtungen.
b) Teichmuscheln werden auch als Strudler und Filtrierer bezeichnet. Begründe.
c) Leite aus deinen Beobachtungen ab, welche Bedeutung Muscheln in unseren Gewässern haben.

V3 Napfschnecken

Material: Spatel, Gefäß zur Aufbewahrung der Proben, Lupe, Petrischale

Durchführung: Suche in einem Fließgewässer an Steinen und Wasserpflanzen nach Napfschnecken. Orientiere dich dabei an der Abbildung oben.
Hinweis: Napfschnecken gehören zu den kleinsten Schnecken unserer Gewässer. Sie sind sehr zerbrechlich. Gehe deshalb sorgfältig mit ihnen um.
Schabe nun sehr vorsichtig mithilfe des Spatels einige Schnecken ab und gib sie in das Probengefäß mit Wasser. Vergiss nicht, auch einige Pflanzenreste mit in das Gefäß zu legen. Setze nach dem Ende des Versuchs die Tiere zurück ins Herkunftsgewässer.

Aufgaben: a) Beobachte das Fressverhalten der Tiere. Gib sie dazu in die Petrischale und benutze die Lupe.
b) Zeichne eine Napfschnecke.

V4 Wir füttern Libellenlarven

Material: Gefäß (ca. 1 Liter), Teichwasser, Libellenlarven, Pinzette, Rinderhackfleisch oder Rinderherz, Kescher
Durchführung: Besorge zuerst Libellenlarven aus einem Teich oder Bach. Ziehe dazu den Kescher langsam und vorsichtig durch den Bodenschlamm. Gib den Inhalt des Keschers zunächst in ein Gefäß mit Teichwasser. Suche nun ein bis zwei Libellenlarven aus und setze sie in das Gefäß. Gib vorher einige Steine und kleine Holzstücke in das Gefäß, damit die Tiere Versteckmöglichkeiten haben. Warte mindestens zehn Minuten bis zur Versuchsdurchführung. Bringe dann kleine Portionen Rinderhack oder kleine Stückchen Rinderherz mit der Pinzette in das Gefäß und halte sie vor die Libellenlarven und beobachte. Setze die Tiere nach dem Versuch wieder zurück in das Herkunftsgewässer.
Aufgabe: Beschreibe das Verhalten der Libellenlarven.

V5 Fortbewegung bei Wasserinsekten

Material: Kescher, Aquarium oder anderes größeres Glasgefäß, Lupe oder Binokular, Petrischale, Wasserpflanzen
Durchführung: Entnimm einem Fließgewässer verschiedene Insekten (zum Beispiel *Rückenschwimmer, Wasserläufer* oder *Taumelkäfer*) und setze sie in das Aquarium mit Wasser und Wasserpflanzen. Fange danach vorsichtig einzelne Tiere heraus und gib sie mit einigen Pflanzenstückchen in die Petrischale. Betrachte die Wasserinsekten danach mit einer Lupe oder dem Binokular. Setze die Tiere danach wieder ins Herkunftsgewässer zurück.
Aufgabe: Suche nach Angepasstheiten an das Leben im Wasser. Betrachte besonders die Beine und vergleiche mit der unteren Abbildung.

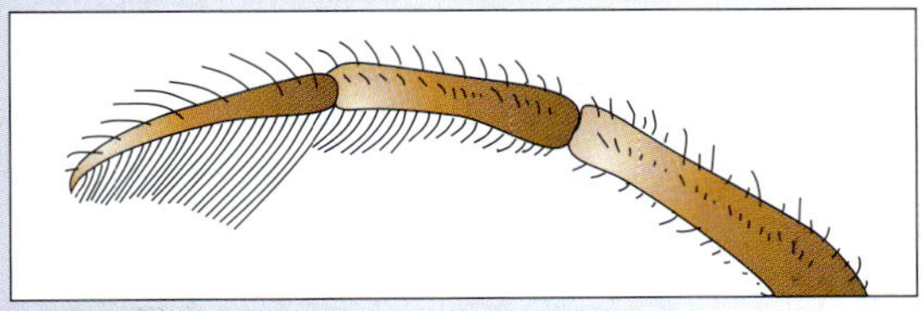

1 Hinterbein eines Rückenschwimmers

4 Plankton

Entnimmt man einem Fließgewässer mit einem Planktonnetz eine Probe und betrachtet sie unter dem Mikroskop, so ist man erstaunt, welche Vielfalt an Organismen sichtbar wird. Alle diese Organismen werden unter dem Begriff **Plankton** zusammengefasst. Es handelt sich um Kleinstlebewesen, die mehr oder weniger frei im Wasser schweben können.
Algen bilden den Teil des Planktons, den man **Phytoplankton** nennt. Das *Schwebesternchen* gehört zur Gruppe der *Kieselalgen*. Es hat lange Fortsätze und eine sternförmige Gestalt. *Kieselalgen* haben eine feste Schale aus Kieselsäure. Zu den *Grünalgen* gehören das *Zackenrädchen* oder die *Gürtelalge*.
In den Chloroplasten tragen sie den grünen Farbstoff Chlorophyll. Sie können deshalb das Licht der Sonne nutzen und mit seiner Hilfe aus Kohlenstoffdioxid und Wasser in der Fotosynthese Traubenzucker bilden. Außerdem dienen diese Organismen anderen Tieren als Nahrung. Damit steht das pflanzliche Plankton am Anfang vieler Nahrungsketten.
Den Teil des Planktons, der durch Tiere gebildet wird, bezeichnet man als **Zooplankton.** Zu diesen Tieren gehören *Wimperntierchen, Rädertierchen* und *Kleinkrebse* wie zum Beispiel *Wasserflöhe* und *Hüpferlinge.* Sie können sich im Gegensatz zu vielen Algenarten selbst bewegen. Bei einigen Tieren des Zooplanktons gibt es keinerlei Einrichtungen, die ein aktives Schwimmen im Wasser ermöglichen. Um dennoch im Wasser schweben zu können, haben die Organismen des Zooplanktons verschiedene Strategien entwickelt. Zum einen haben sie nur eine geringfügig höhere Dichte als Wasser und sinken deshalb sehr langsam. Einige haben eine flache Körperform und tragen lange Fortsätze an ihrem Körper um ein Absinken zu vermindern. Auch die kleinste Wasserbewegung bzw. -strömung bewirkt bei diesen Tieren somit einen Auftrieb. Manche Planktonarten lagern Luft in ihren Zellen ein, um das gleiche Ziel zu erreichen. Dadurch erhöht sich der Auftrieb und die Lebewesen können im Wasser schweben. Zusätzlich kann auch durch die Einlagerung von leichten Öltröpfchen die Dichte verringert werden. Dies ist z. B. bei *Rädertierchen* der Fall.

A1 Erläutere die Bedeutung der Einlagerung von Öl und Luft für die Schwebfähigkeit einiger Planktonorganismen.

A2 Ordne die Organismen in Abbildung 1 nach pflanzlichem und tierischem Plankton. Fertige eine Tabelle an.

A3 Nenne Gründe, warum man in Bergbächen kein Plankton findet.

Praktikum: Untersuchung von Plankton

V1 Bau eines Planktonnetzes

Material: engmaschiges Kunststoffnetz, zum Beispiel Kunststoff-Kaffeedauerfilter (Maschengröße maximal 63 Mikrometer), Filmdöschen, Heißklebepistole, Heißkleber

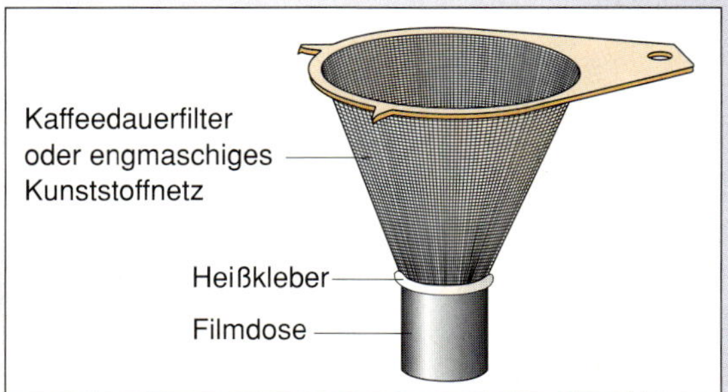

1 Planktonnetz

Durchführung: Schneide zunächst von der Netzspitze der Kunststoff-Kaffeedauerfilter so viel ab, dass das Filmdöschen in den Ausschnitt hineinpasst. Fixiere nun das Döschen mit Heißkleber am Netz.

V2 Probeentnahme in einem Fließgewässer

Material: Planktonnetz, Pinsel, Löffel, mehrere Aufbewahrungsgefäße (zum Beispiel Reagenzgläser, Filmdöschen oder Petrischalen), Fixierungsflüssigkeit (Iod-Kaliumiodidlösung,) Folienstift.
Durchführung: Stelle zunächst Gefäße bereit, in die das gesammelte Material gegeben wird. Nutze zur Aufbewahrung nur Wasser des Gewässers, aus dem die Proben stammen.
1) frische Probe: Ziehe das Planktonnetz mehrmals so durch das Fließgewässer, als würdest du die Zahl Acht schreiben. Wiederhole die Probeentnahme noch an mindestens zwei weiteren Stellen.
2) fixierte Probe: Gewinne die Proben wie angegeben. Gib die Proben anschließend mit wenig Wasser in Reagenzgläser und tropfe je 5 Tropfen Jod-Kaliumiodidlösung zu.

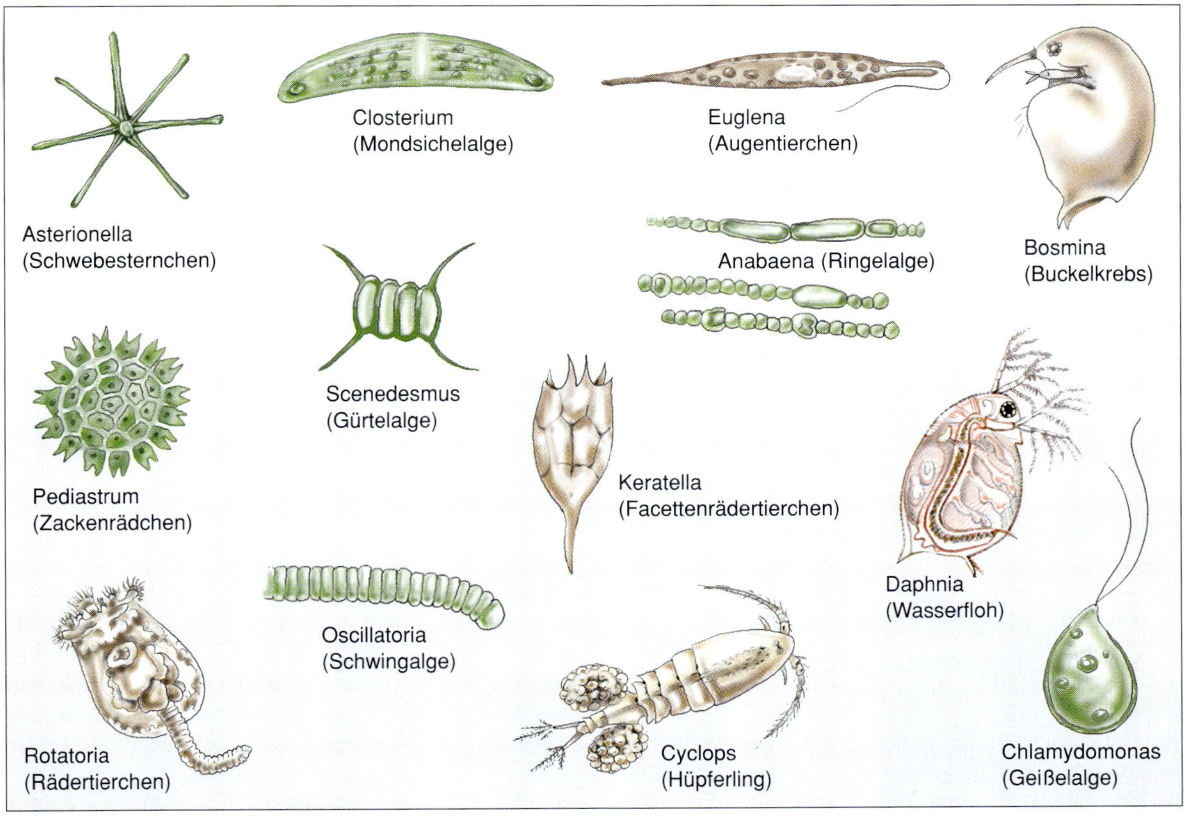

2 Planktonarten eines Fließgewässers

Aufgaben: a) Mikroskopiere die Proben. Markiere vorher auf dem Objektträger eine Fläche von 1 cm^2. Zähle alle Organismen in der markierten Fläche.
b) Erläutere die Unterschiede zwischen der frischen und der fixierten Probe.

V3 Wir mikroskopieren Plankton

Material: Schülermikroskop, Pipette, Objektträger, Deckgläschen, Watte, Wasserproben mit Plankton aus Versuch 2.
Durchführung: Entnimm mithilfe der Pipette den einzelnen Proben je einen Tropfen. Beachte, dass du vorher die Proben leicht schwenkst, damit das Plankton gleichmäßig verteilt ist. Gib den Tropfen auf je einen Objektträger. Zerzupfe nun wenige Wattefasern und gib sie in den Tropfen. Setz anschließend das Deckgläschen möglichst so auf, dass keine Luftblasen in der Probe sind.
Aufgaben: a) Betrachte die einzelnen Proben unter dem Mikroskop. Nutze zunächst eine kleine Vergrößerung. Stelle anschließend eine stärkere Vergrößerung ein und zeichne einzelne Planktonorganismen.
b) Versuche mithilfe der oben stehenden Abbildung einige Arten zu bestimmen.
c) Vergleiche die einzelnen Proben miteinander und stelle fest, welche Organismen besonders häufig sind.

V4 Wir untersuchen, warum Plankton schwebefähig ist

Material: Knetmasse, großer Standzylinder, Wasser, Waage, Stoppuhr
Durchführung: Wiege zwei gleich große Portionen Knetmasse ab. Rolle nun die eine Portion zu einer Kugel und presse die andere Portion zu einer flachen Scheibe. Bringe die Kugel vorsichtig auf die Wasseroberfläche und miss die Zeit, bis sie auf dem Boden des Standzylinders auftrifft. Wiederhole den Versuch mit der Scheibe.
Aufgabe: a) Übertrage den Modellversuch auf die Körperform des Phytoplanktons und erläutere!

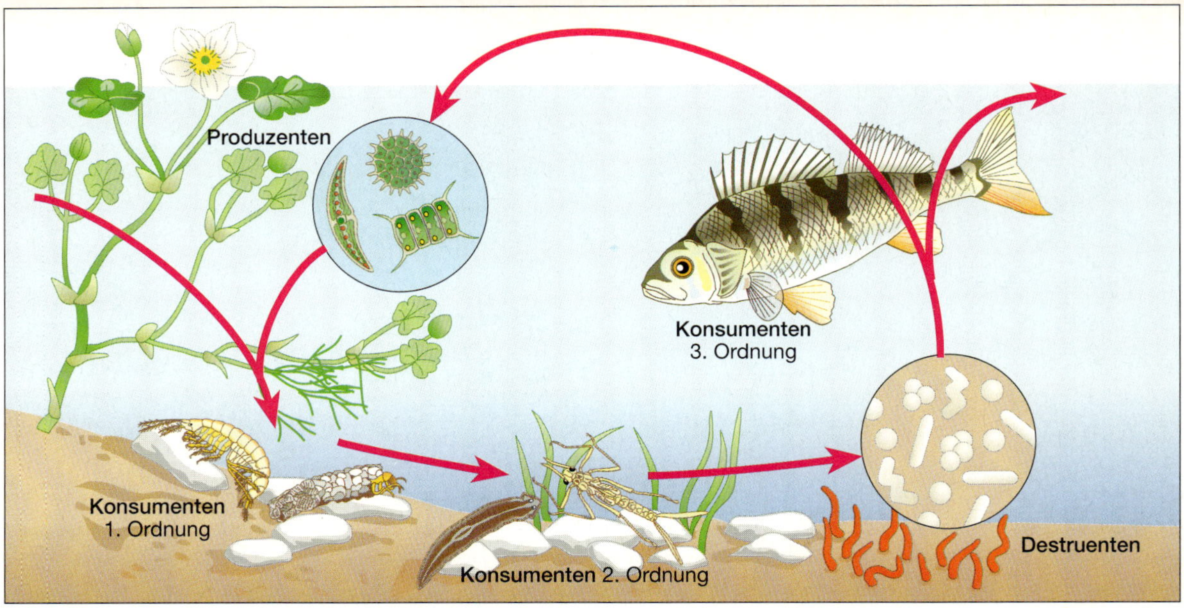

1 Stoffkreislauf in einem natürlichen Bach

5 Nahrungsbeziehungen in Fließgewässern

Die Lebewesen im Ökosystem Bach stehen miteinander über Nahrungsbeziehungen in Verbindung. Eine **Nahrungskette** kann diese Beziehungen vereinfacht darstellen. Ein Beispiel für eine Nahrungskette ist: *Wasserpflanze → Flohkrebs → Plattwurm → Forelle.* Der Pfeil zeige den Weg der Nahrung an. Wenn man bedenkt, dass Forellen auch Flohkrebse fressen, so muss man sich diese Beziehungen nicht als einfache Nahrungskette, sondern als vielfach verknüpftes **Nahrungsnetz** vorstellen. Dieses Netz erstreckt sich über den Bach hinaus. So schlüpfen aus Insektenlarven flugfähige Insekten, die den Bach verlassen. Sie gelangen so in Nahrungsketten außerhalb des Fließgewässers.

Die Nahrungsgrundlage aller Lebewesen in einem Bach sind die grünen Pflanzen, die **Produzenten.** Durch Fotosynthese bauen sie organische Stoffe, die *Biomasse* auf. Zusätzlich gelangt pflanzliche Biomasse, überwiegend in Form abgefallener Blätter, von außerhalb in den Bach. Sie dient Pflanzenfressern, den **Konsumenten 1. Ordnung,** als Nahrung. Von ihnen ernähren sich fleischfressende Kleintiere, die **Konsumenten 2. Ordnung.** Außer Forellen und anderen Raubfischen gibt es nur wenig **Konsumenten 3. Ordnung** in einem Bach. Als **Endkonsumenten** kommen z. B. Graureiher und Menschen in Frage.

Am Ende aller Nahrungsketten stehen die **Destruenten.** Sie zersetzen die organischen Abfallstoffe der anderen Organismen und deren Leichen. Flohkrebse und Steinfliegenlarven sind nicht nur Konsumenten, sondern gleichzeitig auch Destruenten, da sie sich auch von abgestorbenem organischem Material wie z. B. von Blättern ernähren. Ihr nährstoffreicher Kot steht anschließend Bakterien und Kleintieren des Planktons, sowie auf Steinen lebenden Kolonien von Pilzen und Bakterien zur Verfügung. Sie bauen die organischen Stoffe endgültig zu Mineralsalzen ab. Diese dienen den Wasserpflanzen als Dünger. So schließen die Destruenten viele Nahrungsketten des Baches zu einem **Stoffkreislauf.** Ein Teil der löslichen Salze wird vom fließenden Wasser abtransportiert, jedoch durch herangespülte Salze wieder ersetzt. Da einem Bach auch von außerhalb Stoffe zugefügt und wieder entnommen werden, spricht man von einem *offenen Stoffkreislauf.*
Durch die Tätigkeit des Destruenten bleibt ein natürlicher Bachlauf immer sauber. Man spricht von der biologischen Selbstreinigung eines Gewässers. Die Mitglieder einer ungestörten Lebensgemeinschaft regulieren sich gegenseitig. Die Zahl ihrer Individuen bewegt sich dadurch immer in bestimmten Grenzen. Diese Tatsache nennt man **biologisches Gleichgewicht.**

A1 Beschreibe mithilfe der Abb. 1 den Stoffkreislauf in einem natürlichen Bach.

A2 Suche in dem Nahrungsnetz auf S. 21 verschiedene Nahrungsketten und beschreibe sie.

A3 Begründe die ökologische Regel: „Je vielmaschiger ein Nahrungsnetz ist, desto stabiler ist das Ökosystem".

A4 Vergleiche das Ökosystem Fließgewässer mit anderen dir bekannten, zum Beispiel Urwald und Forst. Bei welchen kann man von einem geschlossenen und bei welchen von einem offenen Stoffkreislauf sprechen? Begründe deine Entscheidung.

2 Nahrungsnetz in einem natürlichen Bach. (Schema)

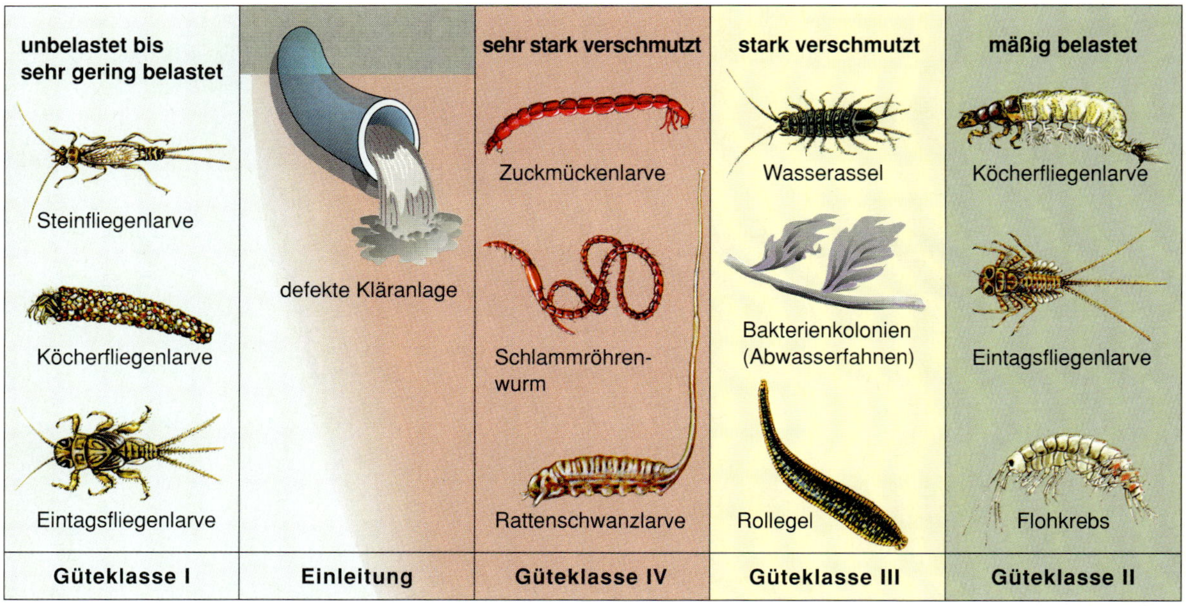

1 Güteklassen und Zeigerorganismen

6 Die Gewässergüte

Sauerstoff kommt im Wasser in gelöster Form vor. Seine Löslichkeit hängt von der Wassertemperatur ab. Je kälter das Wasser ist, umso mehr Sauerstoff kann es aufnehmen. Ein sauberer Bach enthält im Quellbereich viel gelösten Sauerstoff. Sein kaltes Wasser wird durch Wasserfälle und Steine im Bachbett kräftig mit Luft durchwirbelt und so mit Sauerstoff angereichert. Auch Wasserpflanzen erzeugen ihn als Nebenprodukt der Fotosynthese.

Alle Tiere im Wasser benötigen für ihre Atmung Sauerstoff, einige viel, andere weniger. *Steinfliegenlarven* brauchen z. B. sehr viel davon. Sie kommen deshalb ausschließlich in sauerstoffreichen sauberen Gewässern vor. Findet man Steinfliegenlarven in einem Bach, so kann man ihn als *unbelastet* einstufen. Er gehört der **Güteklasse I** an.

Steinfliegelaven können also als **Zeigerorganismen** zur Einschätzung der *Wassergüte* herangezogen werden.

Auch die biologische Selbstreinigung hängt vom Sauerstoffgehalt ab, denn auch Bakterien und Pilze, die den Hauptteil der Destruenten ausmachen, brauchen ausreichend Sauerstoff.

Wird ein Fließgewässer durch organische Abfälle aus Gemeinden oder Industriebetrieben belastet, so sinkt der Sauerstoffgehalt drastisch. Bakterien und Pilze vermehren sich in nährstoffreichem Wasser stark und verbrauchen den Sauerstoff. In einem stark belasteten Gewässer überleben nur noch wenige Arten, die an den Sauerstoffmangel angepasst sind. *Schlammröhrenwürmer* und *Rote Zuckmückenlarven* weisen eine besondere Anpassung auf. Sie enthalten einen dem menschlichen Hämoglobin verwandten roten Blutfarbstoff mit hohem Bindungsvermögen für Sauerstoff. Ebenfalls ein Spezialist für belastete Gewässer ist die mit einem langen Atemrohr ausgestattete *Rattenschwanzlarve.*

Schlammröhrenwurm und Rattenschwanzlarve sind Zeigerorganismen für übermäßig verschmutzte Fließgewässer. Man ordnet sie der **Güteklasse IV** zu. Weil hier nur wenige Arten leben, gestalten sich auch die Nahrungsketten und der sich daraus ergebende Stoffkreislauf einfach. Anstelle der Produzenten tritt der organische Abfall, Schlammröhrenwürmer und Zuckmückenlarven gehören zu den Konsumenten.

Wie wird ein Fließgewässer mit solchen Belastungen fertig? Ist die Menge der Einleitungen zu groß, so wird die Selbstreinigungskraft des Gewässers überfordert. Die damit verbundenen Vorgänge verbrauchen fast den gesamten Sauerstoff. Fließt das Wasser außerdem noch in einem begradigten Bett dahin, so kann aus der Luft kaum Sauerstoff hinein gelangen. Das langsam fließende Wasser erwärmt sich durch Sonneneinstrahlung, wodurch der Sauerstoffgehalt weiter absinkt. In einem solchen Gewässer nehmen Fäulnisprozesse überhand und alle Organismen außer Schwefelbakterien und Abwasserpilzen sterben. Man spricht dann von einem **Umkippen** des Gewässers. Schwarzer Faulschlamm lagert sich am Grund des Gewässers ab. Aus ihm entweichen Fäulnisgase wie Methan, Schwefelwasserstoff und Ammoniak. Erst weit unterhalb der Einleitungsstelle sind die Abwässer soweit verdünnt, das die Selbstreinigung wirksam wird.

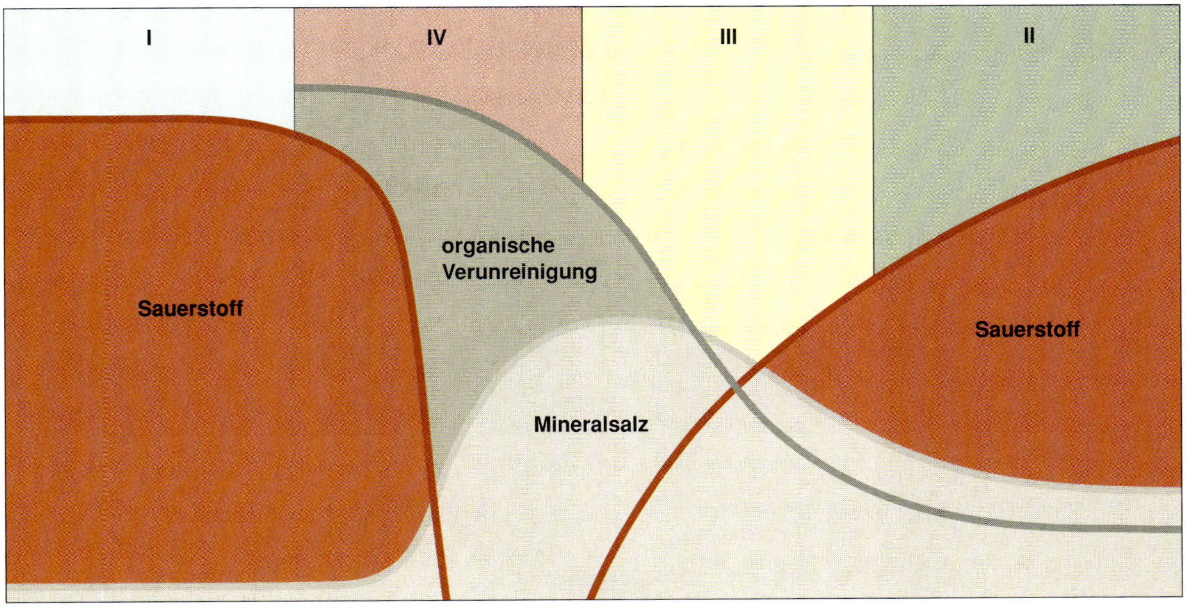

2 Abbauvorgänge in einem belasteten Fluss

Über eine Fließstrecke von oft mehreren Kilometern werden die Abfälle allmählich abgebaut. Das erkennt man an den dort angesiedelten Lebewesen. An den Steinen haften zottige Bakterien- und Pilzkolonien. Sie bauen gelöste organische Stoffe ab. Mikroorganismen wie *Glockentierchen* oder *Pantoffeltierchen* ernähren sich von Bakterien. Zusammen mit *Wasserasseln* und verschiedenen *Egeln* sind sie Zeigeorganismen eines *stark verschmutzten Gewässers* der **Güteklasse III.**
Die organischen Stoffe werden im weiteren Flussverlauf mehr und mehr zersetzt. Ein Großteil der dabei entstandenen Mineralsalze wird vom Wasser flussabwärts transportiert, der Rest führt zu einem starken Wachstum von Algen und anderen Wasserpflanzen. Sie reichern das Wasser mit Sauerstoff an. Das Gewässer ist jetzt nur noch *mäßig belastet.* Es gehört der **Güteklasse II** an. Als Zeigerorganismen trifft man jetzt *Flohkrebse, Eintagsfliegen-* und *Köcherfliegenlarven* an. Die Güteklasse I wird durch Selbstreinigung in der Regel nicht mehr erreicht.
Man kann also den Grad der Belastung eines Gewässers durch die dort angesiedelten Biozönosen einschätzen. Jede Belastungsstufe hat ihre eigene Biozönose. Kennt man ihre Mitglieder, so kann man daraus auf die Qualität des Gewässers schließen.

A1 Begründe die Veränderungen in der Artenzusammensetzung eines Fließgewässers der Abb. 1.

A2 Erkläre mithilfe der Abb. 2 die Zusammenhänge zwischen organischen Verunreinigungen, Sauerstoff- und Mineralsalzgehalt.

Güte-Klasse	Grad der Belastung	Zustand
I	Unbelastet	Sauberes Wasser, klar, nährstoffarm, wenig Arten Sauerstoff liebender Organismen
I–II	Gering belastet	Wenig Nährstoffe, geringer Pflanzenbewuchs, Artenvielfalt, wenig Individuen, klares Wasser
II	Mäßig belastet	Hoher Nährstoffgehalt, viele Wasserpflanzen, hohe Artenvielfalt bei großer Individuenzahl, Wasser kaum getrübt
II–III	Kritisch belastet	Massenhaftes Vorkommen von Algen auf Steinen, gelegentlich Fischsterben infolge Sauerstoffmangel, Wasser leicht trüb
III	Stark verschmutzt	Stark organisch belastet, örtlich Faulschlamm, Steinunterseite schwarz (Eisensulfid), nur wenig Arten mit hoher Individuenzahl, häufig Fischsterben, Abwasserpilze, Bakterien, Wasser trüb
III–IV	Sehr stark verschmutzt	Kaum noch Fische, Faulschlamm und Gase, stark getrübtes Wasser
IV	Übermäßig verschmutzt	Fäulnisprozesse überwiegen, kaum noch Sauerstoff, Schwefelbakterien, Wasser stinkt und ist milchig trüb

3 Wassergüte

Praktikum

Biologische Untersuchung eines Fließgewässers

Durch Bestimmen der Arten von Zeigerorganismen und Auszählung der jeweiligen Individuenzahl können Fachleute die Güteklasse eines Gewässers bestimmen. Diese biologische Methode zeigt den Zustand des Gewässers über einen längeren Zeitraum an. Da die genaue Bestimmung der Arten jedoch sehr schwierig ist, beruht die auf S. 25 vorgestellte vereinfachte Methode auf der wesentlich leichteren Bestimmung der Tiergruppen und der Auszählung der darin unterscheidbaren Arten. Eine Auszählung der Individuen entfällt. Die Tabelle der Tiergruppen soll dabei helfen, die gesammelten Tiere den Tiergruppen richtig zuzuordnen.

A3 Bestimme die Güteklasse eines Fließgewässers und erstelle einen Steckbrief für diese.

1 Tabelle der Tiergruppen

Material: je Gruppe: Sieb; Pinsel; Lupe; Pipette; Löffel; Plastikteller; Auswertung: 13 mit Tiergruppen-Namen beschriftete Teller; Bestimmungsbücher; Kopie dieser Seite und der Tabelle der Tiergruppen

Durchführung: Sammelt in Gruppen Kleintiere am Ufer eines Baches. Streicht dazu mit dem Sieb durch die Wasserpflanzen. Dreht Steine aus dem Bach um. Streicht die Tiere mit dem Pinsel in den halb mit Wasser gefüllten Teller. Bringt euren Teller mit den gesammelten Tieren zu den 13 beschrifteten Tellern. Sortiert ähnlich aussehende Tiere, z. B. alle Eintagsfliegenlarven in den zutreffenden Teller. Verfahrt mit den anderen Tieren in gleicher Weise. So erhaltet ihr verschiedene Tiergruppen. Unterscheidet innerhalb der Tiergruppe in einem Teller noch genauer verschiedene Arten nach Form und Farbe: z. B. flache oder rundliche und helle oder dunkle Eintagsfliegenlarven. Verwendet dazu auch eine Lupe und ein Bestimmungsbuch.

Aufgaben: a) Notiert für jede gefundene Tiergruppe die Anzahl der unterscheidbaren Arten, die **Artenzahl** in die Kopie der Bestimmungstabelle. Gebt nun die Kleintiere in das Gewässer zurück.

b) Addiert in der Tabelle die Artenzahlen aller gefundenen Tiergruppen zur **Artensumme.**

c) Zur Bestimmung des **Zeigerwertes** geht ihr von der gefundenen Tiergruppe aus, die an oberster Stelle in der Spalte Artenzahl steht. Von dieser geht ihr in die entsprechende rechte Zeile und bestimmt den Zeigerwert mittels ihrer Artenzahl. Gegebenenfalls geht ihr zur nächstfolgenden Gruppe.

	Tiergruppe	**Artenzahl**	**Zeigerwert**
	Steinfliegenlarven		1 = **B** mehr als 1 = **A**
	Eintagsfliegenlarven		1 = nächste Gruppe 2 = **C** mehr als 2 = **B**
	Köcherfliegenlarven		1 = nächste Gruppe 2 bis 3 = **C** mehr als 3 = **B**
	Flohkrebse		1 = Nächste Gruppe mehr als 1 = **C**
	Wasserasseln		**D**
	Egel		**D**
	Schlammröhrenwurm		**E**
	Rattenschwanzlarve		**E**
	Schnecken		Kein Zeigerwert, da nicht an bestimmte Wassergüte gebundene Tiergruppen
	Muscheln		
	Platt- (Strudel-) würmer		
	Mückenlarven		
	Käfer		
	andere Gruppen		
			= Artensumme

d) Geht mit der errechneten **Artensumme** und dem **Zeigerwert** in die folgende Tabelle. Aus Artensumme und Zeigerwert ergibt sich die **Wassergüte.**

Wassergüte	**Zeigerwert**				
Artensumme	A	B	C	D	E
Größer als 15	I	I – II	II	II – III	III
9 bis 15	I – II	II	II – III	III	III – IV
2 bis 8	II	II – III	III	III – IV	IV
0 bis 1	II – III	III	III – IV	IV	IV

Bestimmungsbeispiel: *Habt ihr keine Steinfliegenlarven, sondern drei verschiedene Arten von Eintagsfliegenlarven gefunden, so ergibt das den Zeigerwert B. Außerdem habt ihr noch zwei Arten von Köcherfliegenlarven, viele gleiche Flohkrebse sowie einige gleiche Strudelwürmer gefunden. Das ergibt die Artensumme 7. In der Tabelle findet ihr für diese Werte die Wassergüte II – III (kritisch belastet)*

1 Chemische Untersuchung

7 Chemische Untersuchung von Gewässern

Eine biologische Untersuchung erfasst den Zustand eines Gewässers über einen längeren Zeitraum. Dagegen ermöglicht eine **chemische Untersuchung** die Momentaufnahme des Zustandes eines Gewässers. Dieser Unterschied lässt sich an einem Beispiel erklären: Auch eine einmalige Einleitung von organischen Stoffen kann den Sauerstoffgehalt vorübergehend absenken. Eine solche kurzzeitige Veränderung kann durch eine chemische Untersuchung erfasst werden. Mit einer biologischen Untersuchung würde man die Einleitung nicht erkennen, da sich solche Schadstoffe erst nach wiederholter und anhaltender Einwirkung auf die Artenzusammensetzung der Biozönose auswirken. Deshalb sind biologische und chemische Untersuchungen gleichermaßen wichtig. Sie ergänzen sich gegenseitig.
Einzelne chemische Messwerte gestatten zwar entsprechend der Abbildung 3 eine grobe Einschätzung der Wassergüte, aber nur das Zusammenspiel mehrerer Faktoren ermöglicht eine genauere Aussage. Jeder Messwert hat einen unterschiedlichen Einfluss auf die Gesamtgüte des Gewässers. Der Einfluss, den ein Messwert auf das Gesamtergebnis hat, wird als **Gewichtung (G)** bezeichnet. Bei der chemischen Gewässeruntersuchung sollten folgende Messwerte erfasst werden:

Wichtigste Messgröße ist die **Sauerstoffsättigung** (G = 0,3). Sie gibt an, wie viel Sauerstoff bezogen auf die lösliche Höchstmenge im Wasser enthalten ist. Dieser Sättigungswert wird in Prozent angegeben. In kaltem Wasser löst sich Sauerstoff besser als in warmem. In der Abbildung 2 sind die den jeweiligen Wassertemperaturen entsprechenden Sättigungswerte angegeben. Sauerstoff verbrauchende Abbauvorgänge können den Sauerstoffgehalt absinken lassen. Das führt zu einer geringeren Sättigung mit Sauerstoff. Werden z. B. bei 20 °C Wassertemperatur 5 mg/l Sauerstoff gemessen, so entspricht das einer Sättigung von 56 Prozent.
Die **Sichttiefe** (G = 0,14) wird durch eingeschwemmte Feststoffe oder durch Mikroorganismen beeinflusst. Sauberes Wasser ist außer bei Regenfällen meist klar und hat eine entsprechende Sichttiefe.

Der Gehalt an Säuren oder Laugen wird durch den **pH-Wert** (G = 0,2) ausgedrückt. Saubere Gewässer bezeichnet man als neutral, sie haben den pH-Wert 7. Gelangen Säuren aus Industriebetrieben oder durch Sauren Regen ins Gewässer, so sinkt der pH-Wert. Wirbellose Tiere wie Schnecken oder Muscheln sterben in einem solchen Gewässer. Höhere pH-Werte als 7 lassen auf organische Verschmutzungen schließen.

Organische Verschmutzungen wie z. B. Fäkalien werden von Bakterien über mehrere Zwischenstufen zu stickstoffhaltigen Mineralstoffen, darunter auch **Nitraten** (G = 0,18) abgebaut. Eine Nitratbestimmung erfasst also die Endstufe bereits abgebauter organischer Verschmutzungen. Auch aus der Landwirtschaft eingewaschener Dünger sowie Saurer Regen können zur Nitratbelastung der Gewässer beitragen. Der Nitratgrenzwert für Trinkwasser beträgt 50 mg/l. Ab 80 mg/l kann es zum Fischsterben kommen.

Auf Wasserpflanzen hat Nitrat eine starke Düngerwirkung. Ein überdüngtes Gewässer bezeichnet man als *eutrophiert.* Man erkennt es am starken Wachstum von Algen, Moosen und anderen Pflanzen.

Vorwiegend durch Auswaschung aus überdüngten Feldern gelangt **Phosphat** (G = 0,18) in Gewässer. Auch die Einleitung von Abwässern führt zu einem Anstieg des Phosphatgehaltes. Die starke Düngerwirkung fördert ebenfalls das Wachstum von Wasserpflanzen.

A1 Führt mit eurer Klasse chemische Untersuchungen eines Gewässers entsprechend dem Praktikum auf den Seiten 28 und 29 durch.

A2 Ermittelt in Gruppen die einzelnen Messwerte. Tragt eure Werte in ein Messprotokoll, entsprechend dem Rechenbeispiel auf Seite 29 ein.

A3 Ergänzt das Protokoll mit den Messwerten der anderen Gruppen.

A4 Ermittelt mithilfe der zutreffenden Tabellen für jeden Messwert den entsprechenden Zeigerwert. Tragt ihn ebenfalls in das Messprotokoll ein.

A5 Berechnet die Güteklasse des untersuchten Gewässers.

A6 Führt an dem gleichen Gewässer eine biologische Untersuchung durch. Vergleicht die Ergebnisse. Erklärt eventuelle Unterschiede.

Exkurs

Allzu viel ist ungesund

Auch wenn alle Anzeichen auf eine organische Belastung hindeuten, ergibt die Messung der Sauerstoffsättigung tagsüber gelegentlich Werte über 100 %. Wie ist das möglich?
In einem eutrophierten Gewässer kommt es im Sommer zu übermäßigem Wachstum von Algen und anderen Pflanzen. Entsprechend stark ist die Erzeugung von Sauerstoff durch die Fotosynthese, wodurch sich das Wasser tagsüber stark mit Sauerstoff anreichert. Nachts wird Sauerstoff durch die Atmung verbraucht, wodurch sein Gehalt im Wasser absinkt. Im Herbst wird sehr viel Sauerstoff für die bakterielle Zersetzung der abgestorbenen Pflanzen verbraucht. Die unter Sauerstoffmangel ablaufenden Fäulnisprozesse können das Gewässer zum „Umkippen" bringen.
Ein hoher Sauerstoffgehalt allein sagt also noch nichts über die Gewässergüte aus. Zu ihrer Beurteilung müssen immer mehrere Faktoren herangezogen werden.

Wasser-Temperatur °C	Sauerstoff mg/l	Wasser-Temperatur °C	Sauerstoff mg/l
9	11,19	18	9,18
10	10,92	19	9,01
11	10,67	20	8,84
12	10,43	21	8,68
13	10,20	22	8,53
14	9,98	23	8,38
15	9,76	24	8,25
16	9,56	25	8,11
17	9,37	Die Werte entsprechen 100 % Sättigung mit Sauerstoff	

2 Sauerstoff und Temperatur

Güteklasse	Sichttiefe, cm	Wassertemperatur °C	Sauerstoff, gelöst mg/l	Sauerstoff-Sättigung %	ph-Wert	Nitrat mg/l	Phosphat mg/l
I	500	10–12	> 8	100	7,0	0–1	0–0,05
I–II	300–500	12–14	7–8	85–100 (100–110)	7,5 6,0	1–1,5	0,05–0,1
II	100–300	14–16	6–7	70–85 (110–120)	8,0 5,5	1,5–2,5	0,1–0,3
II–III	50–100	16–18	5–6	50–70 (120–130)	8,5 5,0	2,5–5,0	0,3–0,5
III	30–50	18–22	3–5	25–50 (>130)	9,0 5,5	5–30	0,5–3,0
III–IV	20–30	22–24	2–3	10–25	9,5 5,0	30–50	3,0–5,0
IV	10–20	>24	<2	<10	10 <5	>100	>8,0

3 Messwerte und Wassergüte

Chemische Bestimmung der Wassergüte

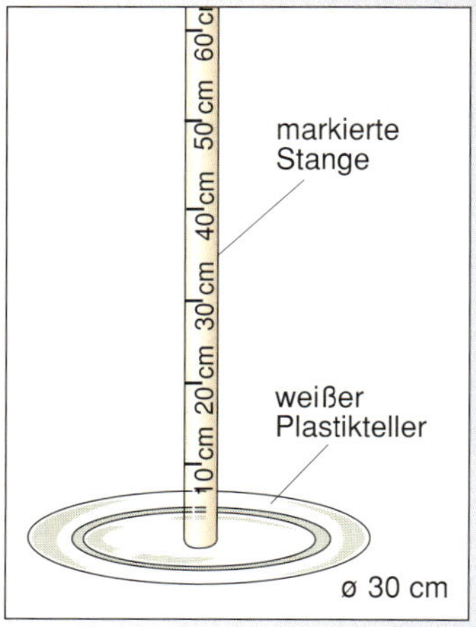

1 Sichttiefe-Messgerät

V1 Bestimmung der Sichttiefe, G = 0,14

Material: Sichttiefe-Messgerät (Abb. 1)
Durchführung: Legt ein Messprotokoll nach dem Muster auf S. 29 an. Baut dann ein Sichttiefe-Messgerät. Nagelt dazu einen 25 bis 30 cm großen weißen Plastikteller auf eine im Abstand von je 10 cm markierte Stange. Die Sichttiefe lest ihr an der Stange ab, wenn der Teller im Wasser gerade noch erkennbar ist. Ermittelt an zwei verschiedenen Stellen die Sichttiefe. Tragt die beiden Werte und den Mittelwert in das Messprotokoll ein.
Auswertung: Lest nun aus der folgenden Tabelle den dem Mittelwert entsprechenden **Zeigerwert (Z)** ab. Tragt ihn in das Messprotokoll ein. Berechnet das Produkt aus Zeigerwert (Z) und Gewichtung (G).

cm	200	180	160	140	120	100	90	80	70	60	50	40	30	20	10
Z	100	96	67	53	45	38	33	30	27	24	22	20	17	12	5

2 Testbesteck für Sauerstoff

V2 Sättigung mit Sauerstoff, G = 0,3

Material: Thermometer; Sauerstoff-Testbesteck oder Messgerät
Durchführung: Der Sauerstoffgehalt eines Gewässers wird in Milligramm pro Liter Wasser angegeben. Die Messung erfolgt entsprechend der Gebrauchsanweisung. Führt an zwei Stellen Messungen durch. Tragt die Messwerte und ihren Mittelwert in das Messprotokoll ein.
Messt nun die Wassertemperatur. Führt zwei Messungen durch. Tragt die Werte und ihren Mittelwert in das Messprotokoll ein.
In der Tabelle auf S. 27, Abb. 2 findet ihr den Sauerstoffgehalt für eine hundertprozentige Sättigung. Berechnet die tatsächliche Sauerstoffsättigung mithilfe der folgenden Formel. X% = Messwert x 100/Gehalt bei 100 %.
Auswertung: Mit dem prozentualen Wert der Sauerstoffsättigung findet ihr in der folgenden Tabelle den entsprechenden Zeigerwert. Tragt Sättigungswert und Zeigerwert ins Messprotokoll ein und berechnet das Produkt aus Zeigerwert und Gewichtung.

%	0-5	10	20	30	40	50	60	70	80	90	100	110	120	130
Z	2	3	6	12	19	30	43	63	79	93	100	97	90,5	83

3 Sauerstoff-Messgerät

V3 pH-Wert, G = 0,2

Material: Universalindikatorlösung; Becherglas; Pipette; pH-Farbtabelle
Durchführung: Füllt das Glas etwa zu einem Viertel mit Wasser. Tropft dazu 2–3 Tropfen Indikatorlösung und schwenkt das Glas dabei. Vergleicht die Farbe des Wassers mit der pH-Farbtabelle. Führt zwei Messungen durch und berechnet den Mittelwert. Tragt alle Werte ins Messprotokoll ein.
Auswertung: In der folgenden Tabelle findet ihr für den ermittelten pH-Wert den entsprechenden Zeigerwert. Übertragt ihn ins Messprotokoll und berechnet dort das Produkt aus Zeigerwert und Gewichtung.

pH	5	5,5	6	6,5	7	7,2–7,3	7,5	8	8,5	9
Z	22	34,5	56,5	78,5	98,5	100	98,5	78,5	55,5	33

V4 **Nitratgehalt, G = 0,18**

Material: Nitrat-Testbesteck oder Teststäbchen
Durchführung: Bestimmt gemäß Gebrauchsanweisung zwei Nitratwerte. Berechnet ihren Mittelwert. Tragt alle drei Werte ins Messprotokoll ein.
Auswertung: Sucht in der Tabelle für den Nitratwert den entsprechenden Zeigerwert (Z). Übertragt ihn ins Messprotokoll und berechnet das Produkt aus Zeigerwert und Gewichtung.

mg/l	0	1	2	3	4	5	10	15	20	25	30	35	>40
Z	100	97	94	91	88	85	70,5	55,5	40,5	28	20	15	10

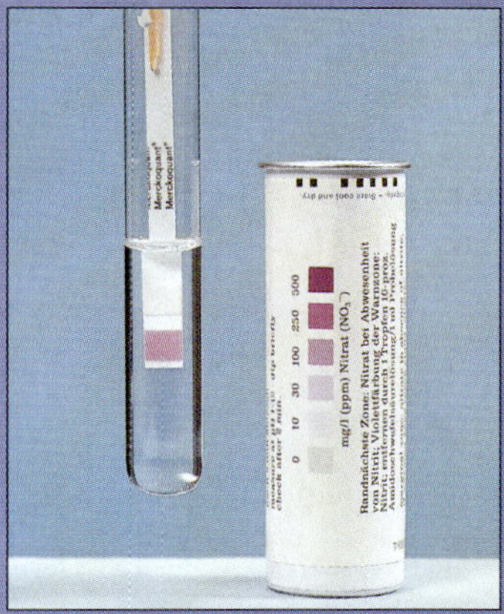

4 Nitrat-Test

V5 **Phosphatgehalt, G = 0,18**

Material: Phosphat-Testbesteck
Durchführung: Bestimmt an zwei Stellen entsprechend der Gebrauchsanweisung den Phosphatgehalt. Berechnet den Mittelwert und tragt alle drei Werte ins Messprotokoll ein.
Auswertung: Übertragt aus der folgenden Tabelle den zutreffenden Zeigerwert ins Messprotokoll. Berechnet dann das Produkt aus Zeigerwert und Gewichtung.

mg/l	0	0,1	0,2	0,3	0,4	0,5	0,6	0,7	0,8	0,9	1	1,5	2	3	5
Z	100	95	84	72	60	48	39	31,5	25	20	16	6	5	3	1

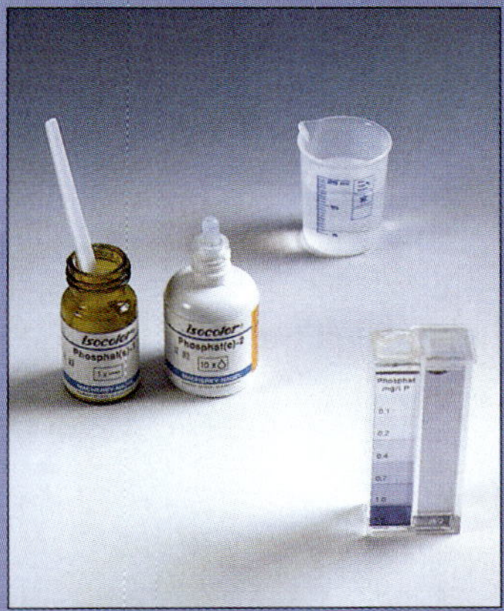

5 Phosphat-Test

Chemischer Index. Berechnet den chemischen Index, indem ihr die einzelnen Produkte von Zeigerwert und Gewichtung addiert. Tragt den Index in das Messprotokoll ein.

Güteklasse. Ermittelt die dem chemischen Index (CI) entsprechende Wassergüteklasse:

CI	100–83	82–73	72–56	55–44	43–27	26–17	16–1
Güteklasse	I	I–II	II	II–III	III	III–IV	IV

Messprotokoll mit Rechenbeispiel. Zeichnet ein dem folgenden Protokoll ähnliches. Wertet eure chemische Untersuchung aus. Orientiert euch dabei an dem Berechnungsbeispiel.

Messwert	1. Messung	2. Messung	Mittelwert	Zeigerwert (Z)	Gewichtung (G)	Produkt ZxG
1. Sichttiefe, cm	50	50	50	22	0,14	3,0
Sauerstoffgehalt, mg/l	9,2	8,8	9,0	–	–	–
Wassertemperatur, °C	10	12	11	–	–	–
2. Sauerstoffsättigung. %	–	–	84,3	85	0,3	25,5
3. pH-Wert	8	8	8	78,5	0,2	15,7
4. Nitrat, mg/l	1,0	4,0	3,0	91	0,18	16,4
5. Phosphat, mg/l	0,0	0,2	0,1	95	0,18	17,1
					chemischer Index = ZxG	***77,7***
					Wassergüteklasse	**I – II**

Exkurs

Gewässergütekarten

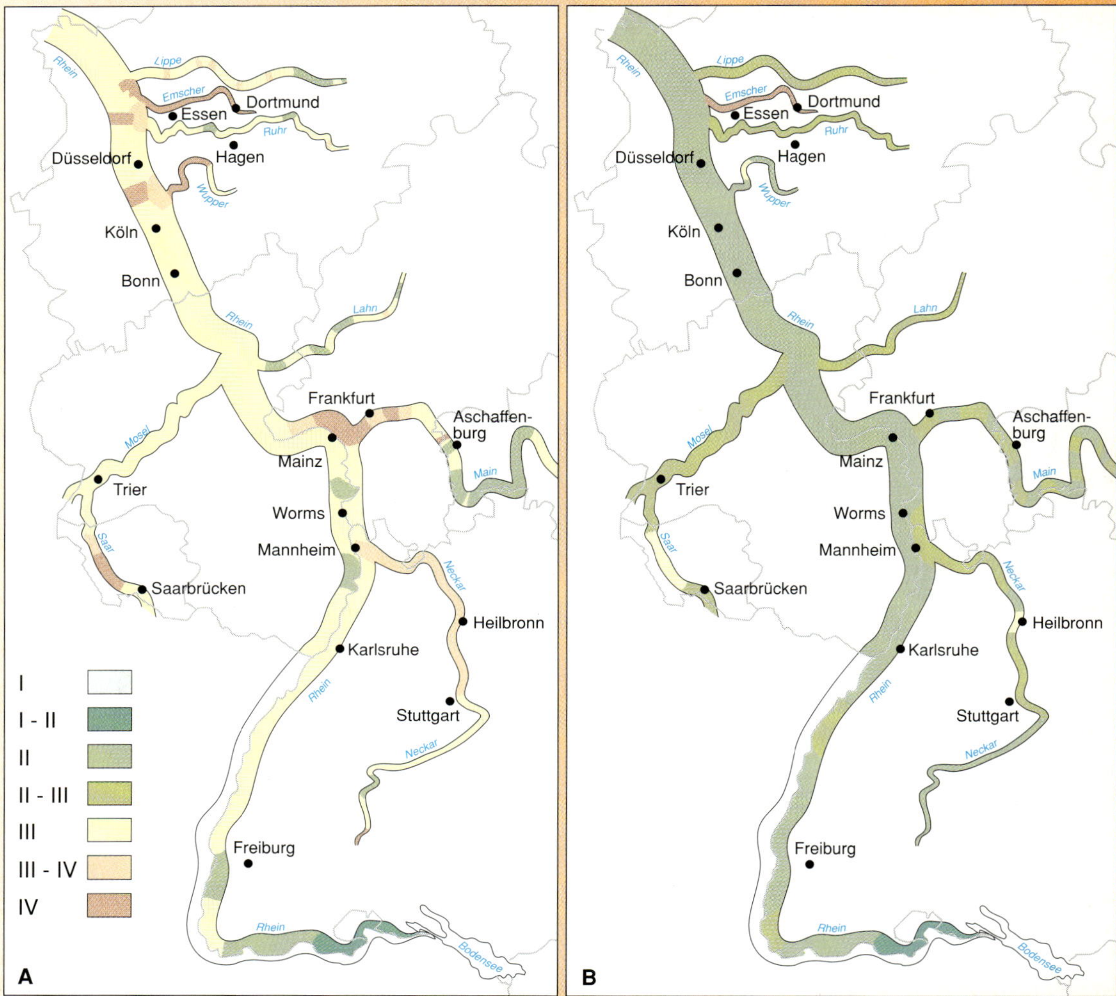

***1 Gewässergütekarte des Rheins. A** 1975; **B** 1995*

Deutliche Veränderungen in der Gewässergüte lassen sich zum Beispiel beim Rhein feststellen, wenn man die Gewässergütekarten aus den Jahren 1975 und 1995 miteinander vergleicht.

Bedingt durch zunehmende Industrialisierung und starken Bevölkerungszuwachs nahm die Qualität unserer Gewässer in den 60-er und 70-er Jahren des vergangenen Jahrhunderts stetig ab. Um die Ausmaße der Verschmutzungen zu dokumentieren, entwarf man Gewässergütekarten, auf denen biologische *Gewässergüte* von Fließgewässern dargestellt ist. Dabei bildet man das Gewässernetz einer Region ab und unterlegt dann die Fließgewässer abschnittsweise mit verschiedenen Farben, die die jeweilige Güteklasse kennzeichnen. Dabei hat man zusätzlich zu den Güteklassen I–IV Zwischenstufen geschaffen, um die Gewässergüte genauer erfassen zu können.

A1 Betrachte die Gewässergüte des Rheins von der Quelle bis zur Mündung.
a) Versuche, die jeweilige Gewässergüte zu erklären.
b) Muss eine Veränderung der Gewässergüte zwangsläufig auf Verschmutzungen zurückzuführen sein? Begründe.

A2 Begründe, warum 1975 große Teile des Rheins mit der Gewässergüteklasse III und schlechter bewertet wurden. Achte dabei besonders auf die Einmündung des Mains in den Rhein und das Ruhrgebiet.

A3 Auf der Gewässergütekarte des Jahres 1995 wird der Rhein in großen Abschnitten mit mäßig bis gering belastet eingestuft. Demnach ist im Vergleich zu 1975 die Belastung deutlich zurückgegangen. Begründe.

1 Wasserbautechnische Eingriffe. ***A*** *Schleuse;* ***B*** *Damm*

8 Der Mensch greift in das Ökosystem Fließgewässer ein

Bäche und Flüsse mit einem natürlichen Verlauf findet man heute nur noch selten. In vielen Fällen hat der Mensch in das Ökosystem Fließgewässer eingegriffen und es dadurch nachhaltig verändert. Dabei wirken sich die menschlichen Eingriffe nicht nur auf die Pflanzen- und Tierwelt aus, auch das Fließverhalten, die Bodenzusammensetzung und der Verlauf des Gewässers können betroffen sein.

Natürliche oder naturnahe Fließgewässer haben einen umfangreichen Pflanzenbewuchs an ihrem Ufer. Man findet neben krautigen Pflanzen auch Bäume und Sträucher. Hier leben viele Insekten und andere Kleintiere, aber auch Vogel- und Kleinsäugerarten.
Der Grund dieser Gewässer besteht aus Steinen oder Sand. Die Wurzeln der Bäume ragen im Uferbereich in das Wasser. Zwischen den Steinen und Wurzeln können sich Wassertiere verbergen. Auch Wasserpflanzen finden am Grund des Gewässers einen sicheren Halt. Ein natürlicher Flusslauf weist viele Kurven und Schlingen, die *Mäander* auf. Dadurch wird die Fließgeschwindigkeit herabgesetzt. Kies und Sand lagern sich dabei an den Stellen ab, wo das Wasser besonders langsam fließt.

Ein Kennzeichen größerer naturbelassener Gewässer ist das Vorhandensein von Flussauen, wie sie heute noch an einigen Abschnitten von Rhein, Donau und Elbe zu finden sind. Es handelt sich dabei um Wiesen oder Wälder in unmittelbarer Nähe des Flusses, die im Frühjahr regelmäßig überschwemmt werden.
Es bilden sich flache Seen, die an warmen Tagen eine hohe Wassertemperatur erreichen können. Viele Fische legen dort ihre Eier ab. Die Brut wächst in dem warmen Wasser auf und schwimmt in den Fluss zurück, bevor die Auen wieder trockenfallen.
Die Uferbefestigung eines natürlichen Gewässers besteht aus Steinen, Erde und den Wurzelsystemen der Pflanzen. Auch hier bieten sich zahlreiche Versteckmöglichkeiten für Wassertiere.
Natürliche Flussläufe genügen jedoch heute den Ansprüchen des Menschen nicht mehr. Um große Flüsse wie den Rhein oder die Elbe besser schiffbar zu machen, wird das Flussbett vertieft. Dabei wird der natürliche Lebensraum für viele Tiere zerstört. Kurven und Schlingen werden beseitigt, damit Schiffe besser manövrieren können. Durch diese *Begradigung* erhöht sich die Fließgeschwindigkeit. *Dämme,* die viele große Flüsse begleiten, sollen Überschwemmungen verhüten. Die Dämme sorgen aber auch dafür, dass die Flussauen kein Wasser mehr erhalten. Den Fischen ist damit die Möglichkeit genommen, in den überschwemmten Auen zu laichen. Die Fischbestände nehmen in einem solchen Gewässer stark ab. Außerdem kommt es trotz der Dämme zu Überschwemmungen, weil die Speicherfunktion der Flussauen fehlt.
Weitere Eingriffe in die Fließgewässer sind *Staustufen* und *Schleusen,* die der Schifffahrt dienen. Sie stellen unüberwindliche Hindernisse für Fischarten wie Lachse dar, die aus dem Meer in die Oberläufe von Flüssen „wandern" um dort ihre Eier abzulegen.
Wenn sie keine Laichwanderungen mehr unternehmen können, pflanzen sie sich auch nicht mehr fort und sterben in den betroffenen Gewässern aus.
Eine weiter Ursache für den Rückgang der Wassertiere und -pflanzen ist die Belastung der Gewässer mit

Exkurs

Lachse im Rhein

1 Im Rhein gefangener Lachs

Ende der fünfziger Jahre wurden die letzten Lachse im Rhein gefangen. Seit dieser Zeit galt der Rhein als lachsfrei. Warum die Fische verschwanden zeigt sich, wenn man die Lebensgewohnheiten dieser Tiere betrachtet. Lachse brauchen saubere, schnell fließende Gewässer mit Flachwasserzonen, wie man sie heute noch im Oberlauf einiger Nebenflüsse des Rheins findet. Dort legen sie ihre Eier ab. Nach dem Schlüpfen leben die jungen Fische bis zu zwei Jahren in dem Gewässer, in dem sie geschlüpft sind. Es wird vermutet, dass sie sich den Geruch des Wassers einprägen, um den angestammten Laichort wieder zu finden. Danach schwimmen sie über 800 Kilometer den Rhein hinab dem Meer entgegen. Sie gelangen bis nach Grönland und wachsen dort heran. Nach zwei bis drei Jahren kehren sie in das Gewässer zurück, in dem sie aufgewachsen sind. Dabei müssen sie stromaufwärts schwimmen und viele Hindernisse überwinden. Die Tiere springen bis zu fünf Meter hoch und überwinden dabei mühelos zum Beispiel Stromschnellen und kleinere Wasserfälle.
Durch zunehmende Gewässerverschmutzung und Überfischung wurden die Tiere immer seltener. Als durch zahlreiche Schleusen der Weg der Fische zu ihren Laichorten abgeschnitten war, starben die Lachse im Rhein aus.
Der Rhein wurde in den neunziger Jahren nachweislich sauberer, da viele Industriebetriebe an Kläranlagen angeschlossen wurden. Durch künstliche *Fischtreppen* neben den Schleusen wurde für die Fische eine Möglichkeit geschaffen, wieder in den Oberlauf des Rheins zu gelangen. Deshalb begann man etwa 1989, im Oberlauf des Rheins und einiger Nebenflüsse Junglachse auszusetzen. Einige davon überlebten und kamen als erwachsene Tiere in den Rhein zurück. Dennoch müssen jedes Jahr Fischsetzlinge ausgebracht werden, da die natürliche Vermehrungsrate noch nicht ausreicht, um den Bestand dauerhaft zu sichern.

Schadstoffen. In Industrieregionen zum Beispiel können Schwermetalle in die Gewässer gelangen und die Pflanzen- und Tierwelt schädigen. Durch übermäßige Düngungen der Felder gelangen Mineralstoffe in die Gewässer. Sie führen zur starken Vermehrung von Algen. Wenn sie absterben und bakteriell zersetzt werden, wird dem Gewässer Sauerstoff entzogen.
Eine extreme Form des Gewässerausbaus ist die **Kanalisierung.** Dabei wird nicht nur das Ufer, sondern auch der Bodengrund mit Steinen oder Betonplatten befestigt. Gleichzeitig wird das Gewässer auch begradigt. Damit nimmt man fast allen Tieren und Pflanzen, die hier vorkommen, den Lebensraum.
Nur durch gezielte Renaturierung erreicht man, dass Flüsse und Bäche, die kanalisiert wurden, wieder zu naturnahen, artenreichen Ökosystemen werden. Dazu ist es erforderlich, die natürlichen Bedingungen, die vor der Kanalisierung herrschten, möglichst umfassend wieder herzustellen. Dennoch dauert es viele Jahre, bis sich das Ökosystem regeneriert hat.

A1 Unterscheide einen naturbelassenen und einen kanalisierten Bach hinsichtlich Verlauf, Uferbewuchs, Uferbefestigung, Bachbett und Höhenstufen bzw. Vorkommen von Schleusen. Fertige zum Lösen der Aufgabe eine Tabelle an.

A2 Welche Maßnahmen müsste man durchführen, um einen kanalisierten Bach in ein naturnahes Fließgewässer umzuwandeln?

A3 Nenne Ursachen von Hochwasser. Erkläre den Zusammenhang zwichen der Entstehung von Hochwasser und wasserbautechnischen Eingriffen.

2 Hochwasserschäden am Rhein

Renaturierung eines Baches

Jahrzehnte lang wurden unsere Fließgewässer überwiegend als Abfallentsorger, Entwässerungsrinnen und Schifffahrtsstrraßen betrachtet. Doch inzwischen wächst die Einsicht, dass eine solche Betrachtungsweise unsere Fließgewässer als Lebensräume zerstört und man versucht hier und da, die „Bausünden" der Vergangenheit wieder gutzumachen.

Bei der Renaturierung eines kanalisierten Baches ist es das Ziel, möglichst wieder den natürlichen Zustand des Fließgewässers herzustellen. Man beginnt damit, die Ufer- und Bodenbefestigung zu entfernen. An die Stelle von Beton treten nun wieder natürliche Materialien wie Erde, Steine und Sand. Ebenso versucht man, den natürlichen Bachlauf wieder herzustellen. Dabei muss man beachten, dass das Gewässer viele Kurven durchfließt, damit die Strömungsgeschwindigkeit nicht zu hoch wird. Zusätzlich ist es wichtig, die Ufer auf natürliche Weise zu befestigen. Man pflanzt Bäume und Sträucher an. Sie geben der Uferböschung Halt und vermindern, dass Erde vom Wasser fortgetragen wird. Bald siedeln sich wieder krautige Pflanzen an. Sie liefern Insekten und Kleintieren Nahrung. Mit der Zeit bilden sich größere Tier- und Pflanzenbestände. Am Gewässergrund wachsen mit der Zeit Wasserpflanzen, die eine weitere Nahrungsquelle für Fische und Insekten darstellen.

Alle Renaturierungsmaßnahmen sind jedoch vergeblich, wenn nicht dauerhaft die Einleitung von Schadstoffen verhindert und die Wasserqualität merklich verbessert wird. Durch den Bau von Kläranlagen erreicht man, dass weniger Schadstoffe in das Gewässer gelangen. Ist die Wasserqualität deutlich besser geworden, bilden sich mehr und mehr die ursprünglichen Lebensgemeinschaften zurück. Durch Zuwanderung aus anderen Regionen gelangen neue Tier- und Pflanzenarten in und an das Gewässer. Dadurch erhöht sich die Artenzahl und das Ökosystem stabilisiert sich langsam. Renaturierungsmaßnahmen benötigen viel Zeit, bis wieder ein naturnaher Lebensraum entstanden ist.

A1 Beschreibe die Veränderungen eines Fließgewässers während der Renaturierungsmaßnahme. Verwende die nebenstehenden Abbildungen.

A2 Informiere dich über den Zustand von Fließgewässern in deiner Umgebung. Teile sie in naturnahe und naturferne Gewässer ein.

1 Renaturierung eines Baches. A *Zustand vor der Maßnahme;* **B** *Während der Maßnahme;* **C** *Endzustand*

Projekt

Kartierung eines Fließgewässers

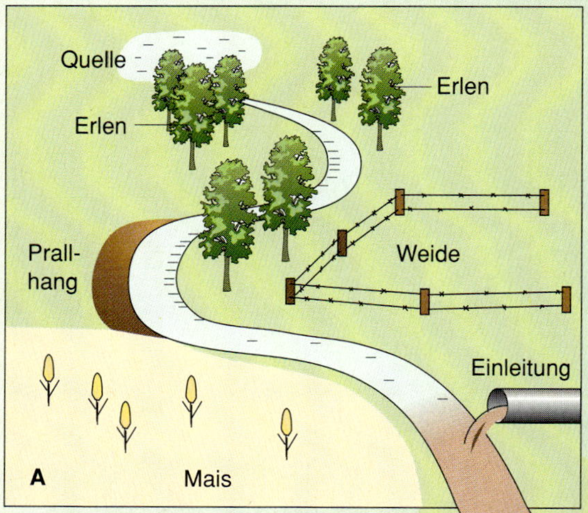

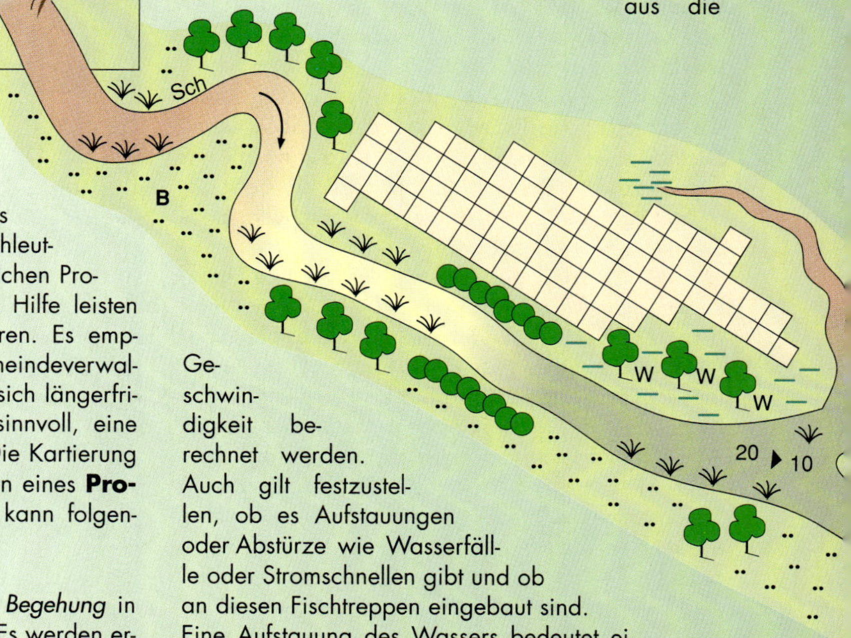

1 Fließgewässer
***A** Skizze; **B** kartiert*

Die Bestandsaufnahme des Zustandes eines Fließgewässers erfolgt duch Fachleute in Form einer **Kartierung.** Bei solchen Projekten können Schulklassen wertvolle Hilfe leisten oder die Kartierung selber durchführen. Es empfiehlt sich, diese Absicht mit der Gemeindeverwaltung vorher abzusprechen. Will man sich längerfristig um den Bach kümmern ist es sinnvoll, eine **Bachpatenschaft** zu beantragen. Die Kartierung kann von einer Schulklasse im Rahmen eines **Projektes** durchgeführt werden. Dabei kann folgendermaßen vorgegangen werden:

1. Planung. Zunächst erfolgt eine *Begehung* in Fließrichtung entlang des Gewässers. Es werden erste Beobachtungen gemacht und Probenorte für chemische und biologische Untersuchungen festgelegt. Sie sollten möglichst gleichmäßig über den Verlauf des Gewässers verteilt werden. Im Bereich einer Einleitung sollte sowohl oberhalb als auch unterhalb die Probenentnahme erfolgen, um Veränderungen der Wassergüte zu erfassen. Auch werden einzelne Abschnitte des Gewässers zur genaueren Untersuchung festgelegt.

2. Durchführung. Jeweils ein einzelner Gewässerabschnitt wird ausführlich untersucht. Während eine Gruppe die biologische Untersuchung durchführt, beschäftigt sich eine andere mit der chemischen Untersuchung des Abschnittes. Eine dritte Gruppe beschreibt den Zustand der beiden Ufer und des Bachbettes. Dazu können Stichworte wie begradigt, betoniert, abwechslungsreich, steinig, natürlich, flach, steil usw. verwendet werden. In einem Bachbett mit großen Steinen wird das Wasser verwirbelt und dadurch mit Sauerstoff angereichert. In einem betonierten Bachbett fließt das Wasser träge und nimmt kaum Sauerstoff auf.

Eine Gruppe macht auch Beobachtungen zur Strömung des Wassers. Werden zum Beispiel Holzstückchen in die Mitte der Strömung geworfen, so kann auf einer Strecke von 10 Metern die Fließzeit gemessen und daraus die Geschwindigkeit berechnet werden.

Auch gilt festzustellen, ob es Aufstauungen oder Abstürze wie Wasserfälle oder Stromschnellen gibt und ob an diesen Fischtreppen eingebaut sind.

Eine Aufstauung des Wassers bedeutet einen Verlust von Sauerstoff. Erhöht sich die Fließgeschwindigkeit, so erfolgt eine Anreicherung mit Sauerstoff. Sand- und Kiesbänke im Bachbett haben eine Filterwirkung auf das Wasser.

Ein natürliches Fließgewässer hat einen schlingenartigen Verlauf.

Seine abwechslungsreichen Ufer bieten vielen Lebewesen Wohnraum und Nahrung, im Gegensatz zu den eingeebneten Ufern eines begradigten Gewässers. Einige Schüler zeichnen eine Skizze des Abschnittes. In diese werden wichtige Details wie in Bild 1 A eingetragen. Eine Gruppe bestimmt die im Wasser und am Ufer wachsenden Pflanzen. Der Uferbewuchs kann Hinweise auf den Zustand des Gewässers geben: Findet man dort größere Bestände der Bachbunge, so ist das Gewässer sauber.

Brennesseln hingegen sind Zeigerpflanzen für Überdüngung. Eine weitere Gruppe erfasst das Umfeld des Gewässers. Sein Einfluss auf das Gewässer ist nicht zu unterschätzen. In einem bewaldeten Bachabschnitt bleibt das Wasser kalt, während es in einem landwirtschaftlich genutzten Bereich von der Sonne aufgewärmt wird. Das hat Einfluss auf den Sauerstoffgehalt des Wassers. Außerdem kann aus intensiv bearbeiteten Feldern Dünger ins Gewässer ausgewaschen werden.

3. Auswertung und Dokumentation. Die Zusammenfassung erfolgt auf einer Karte des Gewässers, dessen Verlauf aus einer topografischen Karte kopiert wurde. Die Karte wird wie in Bild 1 B mit den ermittelten Ergebnissen ergänzt. Dazu werden Zeichensymbole verwendet. Eine ausführliche Beschreibung der Karten, Protokolle der Untersuchungen und Skizzen vervollständigen die Kartierung.

4. Planung von Sanierungsmaßnahmen
Die ausgearbeitete Kartierung sollte Vertretern der Gemeindeverwaltung und Naturschutzorganisationen vorgelegt werden. Mit ihnen werden von den Schülern durchführbare Maßnahmen abgesprochen. Dieses könnten Pflanzaktionen an naturnah umgestalteten Ufern, Anlegen von Gefällstufen im Bachbett und Beobachtungen über die Wiederbesiedelung durch Tiere und Pflanzen sein.

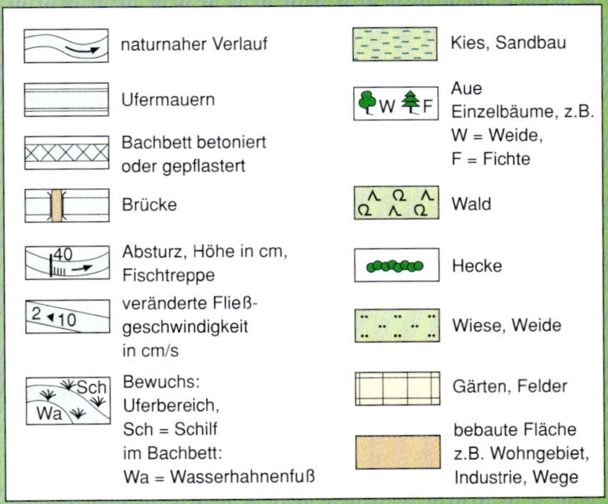

2 Zeichenerklärung

A1 Beschreibe den Zustand des Gewässers in Bild 1. Unterscheide naturnahe Abschnitte von begradigten.

A2 Welche Ursachen sind für die unterschiedliche Gewässergüte verantwortlich?

A3 Welche Maßnahmen zur Verbesserung des Gewässerzustandes würdest du vorschlagen?

A4 Erkundigt euch bei den örtlichen Behörden nach Möglichkeiten der Durchführung eines Fließgewässerprojektes.

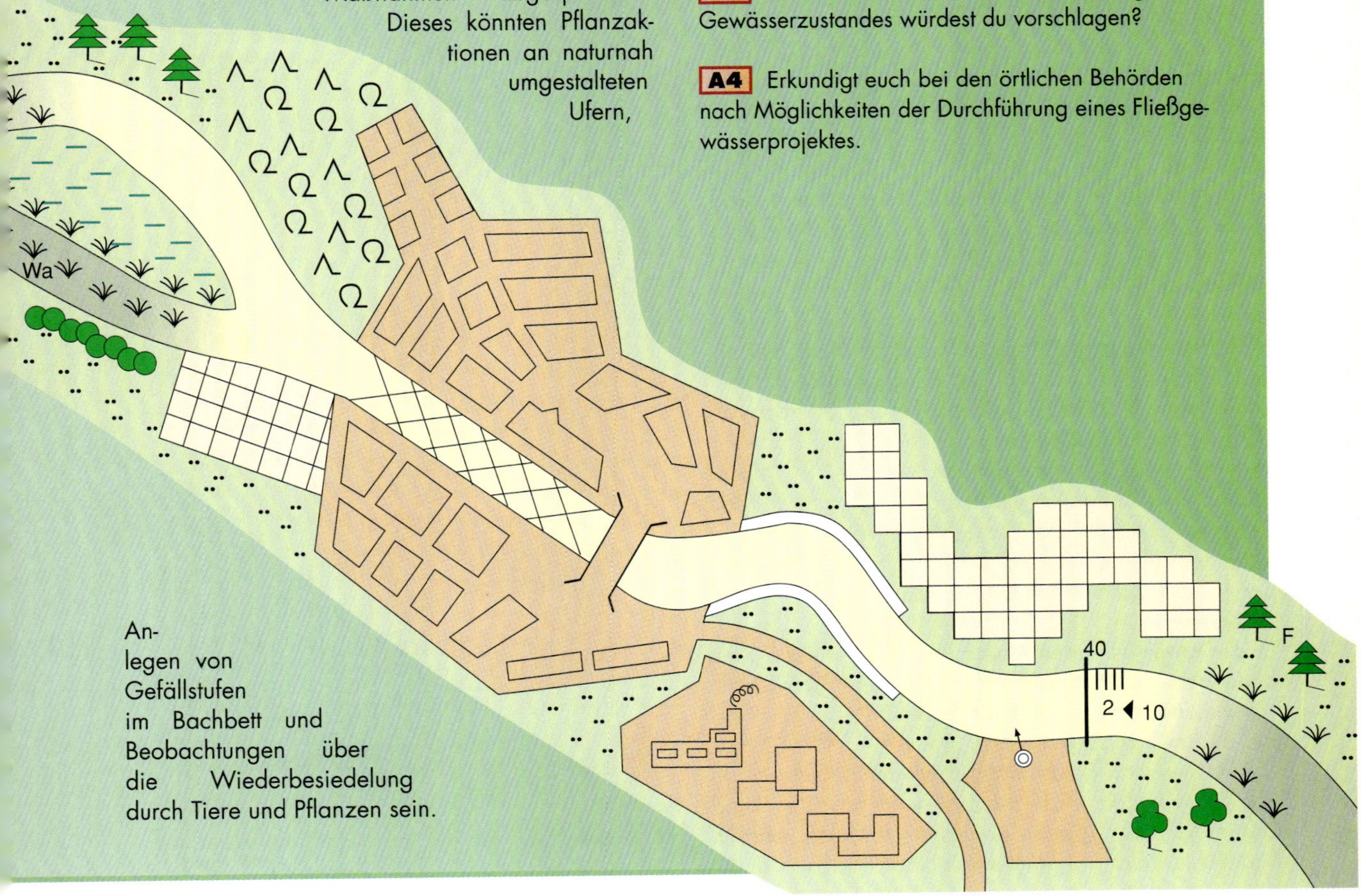

9 Saubere Fließgewässer sichern unser Trinkwasser

Trinkwasser ist unser wichtigstes Lebensmittel. Für kein anderes Produkt gibt es so strenge Vorschriften, Grenzwerte und Kontrollen. Die Anforderungen an die Qualität des Trinkwassers sind gesetzlich genau geregelt. So muss Trinkwasser appetitlich, farblos, geruchlos und geschmacklich einwandfrei sein. Es darf keine Krankheitserreger enthalten und muss für bestimmte Inhaltsstoffe wie Nitrat Grenzwerte einhalten.
Die Herstellung dieses Lebensmittels übernehmen die Wasserwerke. In der BRD sind 98 Prozent aller Haushalte an die öffentliche Wasserversorgung angeschlossen. Ein Dreh am Wasserhahn – und das Trinkwasser fließt. Kaum jemand ahnt, welche umfangreiche Aufbereitungsphase das Wasser bis zu diesem Zeitpunkt bereits hinter sich hat.

Für die **Trinkwassergewinnung** werden in Deutschland *Grundwasser, Quellwasser* und *Oberflächenwasser* aus Seen, Flüssen und Talsperren genutzt. Dabei gibt es regional große Unterschiede. In Nordrhein-Westfalen stammt das Trinkwasser zu 58 Prozent aus Oberflächenwasser und zu 40 Prozent aus Grundwasser. Nur zwei Prozent werden Quellen entnommen. In Bayern liegt der Anteil des Quellwassers dagegen bei 21 Prozent. Auf das Grundwasser entfallen hier 70 Prozent und auf Oberflächenwasser neun Prozent.

Schauen wir uns die **Trinkwasseraufbereitung** genauer an. Als Beispiel dient eine Aufbereitungsanlage, die Flusswasser nutzt. Ein Pumpwerk pumpt aus Brunnen in Flussnähe das Uferfiltrat in das Wasserwerk. In der Vorreinigungsanlage werden ungelöste grobe Verunreinigungen vom *Rechen* entfernt. Bei hohen Schadstoffkonzentrationen kann bereits in dieser Phase eine Flockung erfolgen. Dabei gibt man als Flockungsmittel Eisensulfat und weitere Hilfsstoffe ins Wasser. Die Verunreinigungen werden in Mikroflocken eingeschlossen. Diese lagern sich an den rückgeführten Schlamm an. Der Schlamm setzt sich im unteren Teil des Beckens ab und wird hier abgezogen. Das entstandene Rohwasser gelangt ins *Rohwasserbecken.*
In der anschließenden *Flockungsanlage* werden Kalk und Flockungshilfsmittel zugesetzt. Dadurch wird auch im Wasser gelöste Kohlensäure entfernt. Der pH-Wert des Wassers wird neutral.
Der entstehende Schlamm wird wieder abgetrennt. In der *Ozonanlage* wird eine Mischung aus Ozon und Luft durch das Wasser geblasen. Dadurch werden Krankheitserreger abgetötet. Eventuell noch vorhande-

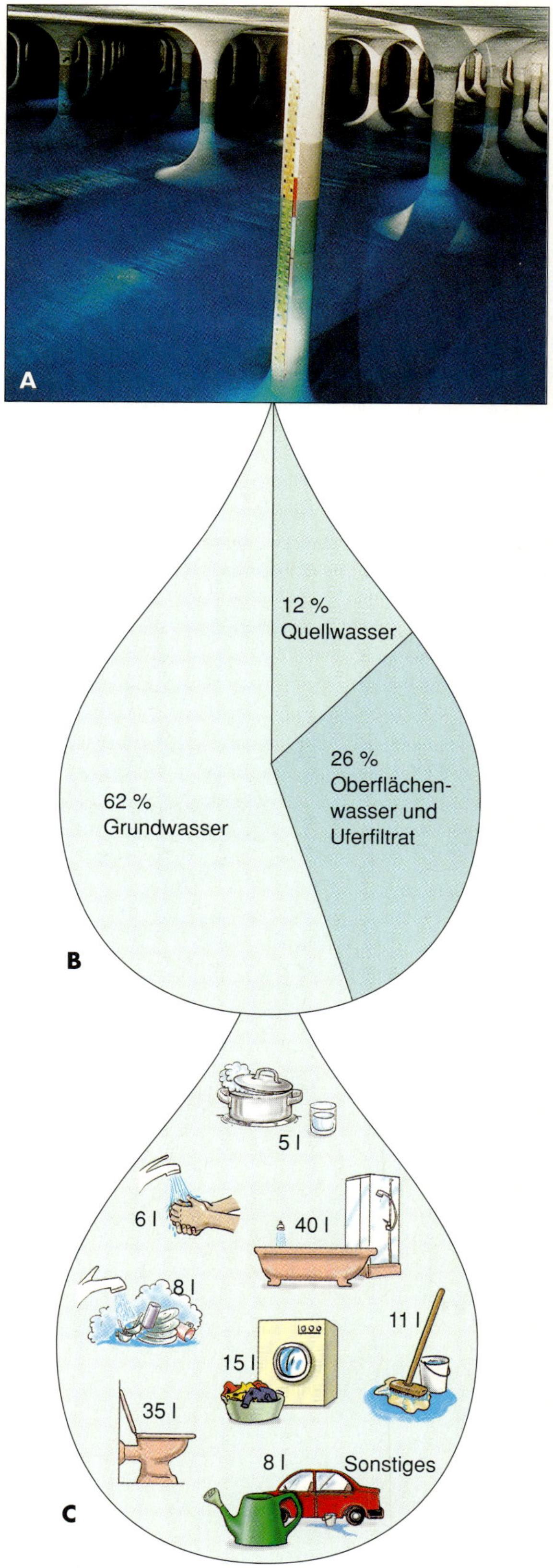

1 Trinkwasser. A *Wasserspeicher;* ***B*** *Trinkwasserquellen;* ***C*** *täglicher privater Verbrauch an Trinkwasser*

ne organische Stoffe werden umgesetzt. Das gilt besonders für Geruchs- und Geschmacksstoffe. Danach wird das Wasser filtriert. Schadstoffreste trennen sich ab. Der Filter enthält eine Aktivkohleschicht, die unter anderem letzte Farb- und Geruchsstoffe beseitigt sowie Lösungs- und Desinfektionsmittel entfernt. Das Trinkwasser ist nun farblos, geruchlos und geschmacklich einwandfrei. Der Aktivkohlefilter absorbiert jedoch auch Desinfektionsmittel. Speichert man das Wasser längere Zeit wird es zusätzlich gechlort.
Je nachdem welche chemischen Inhaltsstoffe noch in dem aufzubereitenden Wasser sind, wird die Aufbereitung um weitere Verfahrensschritte erweitert. Hierzu zählen das Entfernen von Eisen-, von Nitrat- oder von Calzium- und Magnesiumverbindungen. Die letzten beiden Inhaltsstoffe sind zum Beispiel für die Wasserhärte verantwortlich. Sind viele dieser Stoffe enthalten ist das Wasser sehr hart. Kalkablagerungen und ein schlechteres Waschergebnis sind die Folge. Auch Tee und Kaffee schmecken schlechter. Bei sehr weichem Wasser, dem Calzium- und Magnesiumverbindungen fehlen, können sich Herzerkrankungen einstellen.
Das fertige Trinkwasser gelangt zum Verbraucher. Mit rund 281 000 Kilometern ist das Rohrnetz der Wasserversorgung länger als der siebenfache Erdumfang.
Im Bundesdurchschnitt verbraucht jeder Bürger rund 145 Liter Trinkwasser pro Tag. Hier sind auch jene Mengen eingeschlossen, die an Gewerbebetriebe wie Friseure, Fleischer, Bäcker, Autowaschanlagen usw. gehen. Auf den privaten Bereich allein entfallen im Durchschnitt 128 Liter Wasser.

A1 Berechne deinen ungefähren Trinkwasserverbrauch für einen Tag. Nutze dazu die Abbildung 1C.

A2 Ermittle mithilfe der Wasserabrechnung vom Vorjahr den Trinkwasserverbrauch eures Haushaltes. Errechne daraus den Verbrauch pro Person. Vergleiche diesen Wert mit dem Durchschnittsverbrauch von 128 Litern Trinkwasser.

A3 Beschreibe mithilfe der Abbildung 2 die Aufbereitung von Flusswasser zu Trinkwasser.

V1 Bestimme mithilfe von Teststäbchen für die Wasserhärte die Gesamthärte von Leitungswasser. Tauche dazu ein Stäbchen für 3 Sekunden in die Probe und vergleiche nach etwa einer Minute das Testfeld mit der Farbskala auf der Verpackung.

Werte dein Ergebnis mithilfe folgender Tabelle aus:

Härtebereich	Grad deutscher Härte (°dH)
weich	0 bis 7
mittelhart	7 bis 14
hart	14 bis 21
sehr hart	über 21

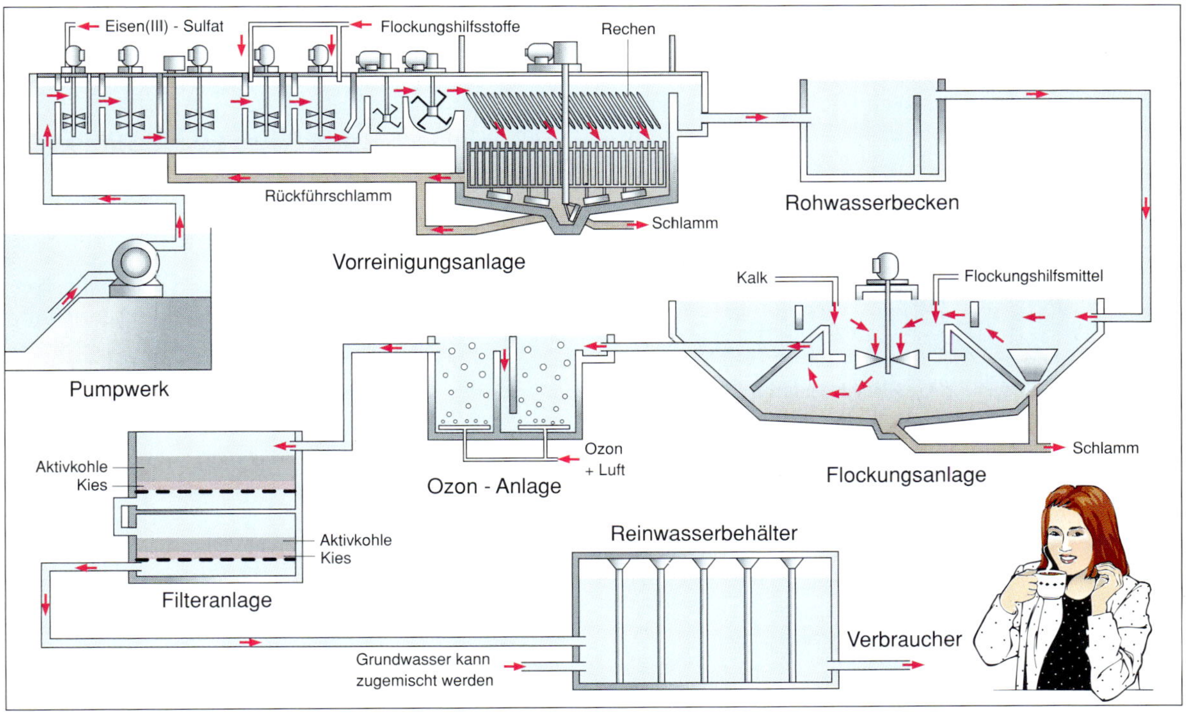

2 *Flusswasseraufbereitung zur Verwendung als Trinkwasser*

1 Kommunales Klärwerk

10 Abwasserreinigung

Abwasser ist „durch Gebrauch verändertes abfließendes Wasser". Außerdem zählt jedes in die Kanalisation gelangende Wasser, zum Beispiel Regenwasser, ebenfalls zum Abwasser. Diese Definition findet man in den Abwassergesetzen.

Das Abwasser aus den Haushalten ist vor allem mit organischen Abfallstoffen wie Ausscheidungen und Lebensmittelresten belastet. Auch Öle, Salze und Laugen aus Wasch- und Reinigungsmitteln sind enthalten. Das belastete Wasser muss in einer **Abwasseranlage** behandelt werden. Dieser Reinigungsprozess findet meist in einer dreistufigen Kläranlage statt.

Hier erfolgt zuerst eine **mechanische Reinigung.** Mit *Rechen* werden Grobstoffe wie Holzstücke, Blätter und Gewebereste entfernt. Im *Sandfang* fangen sich Sand und andere körnige Stoffe. Im *Öl- und Fettabscheider* werden Öle, Benzin und Fette, die wegen ihrer geringen Dichte auf der Oberfläche treiben, entfernt. Danach passiert das Wasser ein *Vorklärbecken.* Hier ist die Strömung so langsam, dass sich feinere, schlammige Schmutzstoffe am Boden absetzen. So können bis zu 30 Prozent der organischen Substanzen entfernt werden.

In der nun folgenden **biologischen Reinigung** werden Abbauprozesse, die in einem natürlichen Fließgewässer stattfinden, kopiert. In der Kläranlage sind diese der Selbstreinigung entsprechenden Vorgänge jedoch räumlich und zeitlich begrenzt.

Das Wasser fließt dafür in ein *Belebtschlammbecken.* Hier bauen Mikroorganismen die organischen Inhaltsstoffe ab. Für diesen Vorgang benötigen sie Sauer-

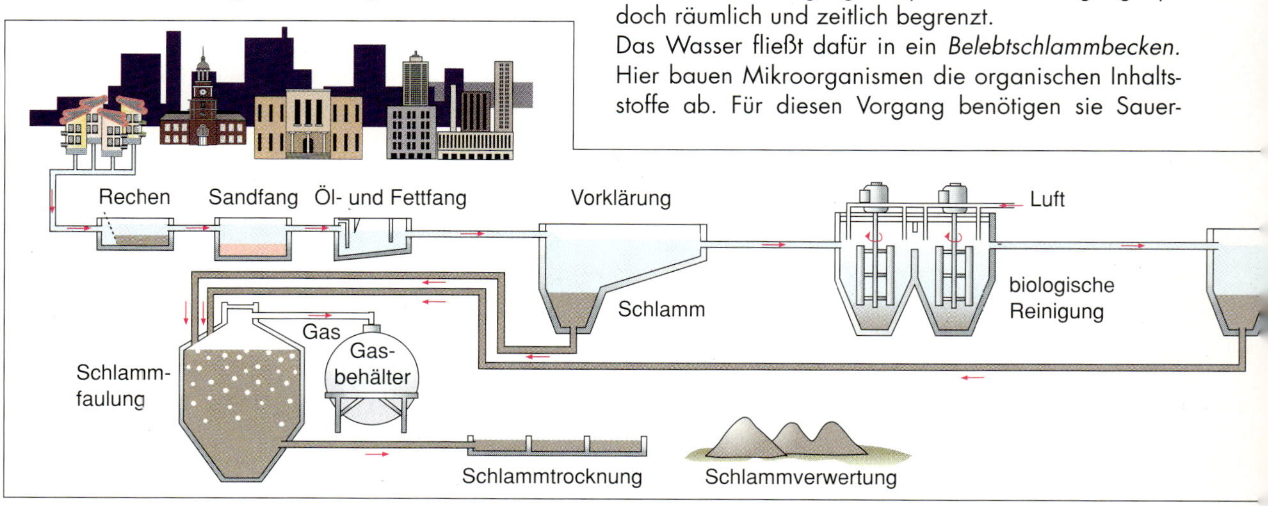

stoff. Dieser wird über eine zusätzliche Belüftungsanlage in das Becken gepumpt. Die Mikroorganismen gewinnen aus dem Abbau der organischen Stoffe Energie für ihre eigenen Lebensprozesse. Dabei entstehen Mineralsalze wie Nitrate und Phosphate. Das gute Nährstoffangebot ermöglicht den Lebewesen eine starke Vermehrung. Es entsteht Belebtschlamm, der in einer **Nachklärung** entfernt wird. Ein Teil dieses Schlammes wird zur biologischen Stufe zurückgeführt. Der größere Teil gelangt in Faultürme. Hier kommt es zum Abbau unter Sauerstoffmangel. Das dabei gewonnene Faulgas Methan kann als Heizgas verwendet werden. Der Klärschlamm lässt sich trocknen und weiter verwerten. Man gibt ihn zum Beispiel zur Bodenverbesserung auf Felder. Voraussetzung dafür ist ein Schlamm, der weitgehend schadstofffrei ist.

Dem geklärten Wasser wird häufig noch ein Fällungsmittel zugesetzt. Dabei handelt es sich um Aluminium- oder Eisensalze zur Phosphatausfällung. Diese letzte Reinigungsstufe wird als **chemische Stufe** bezeichnet. Die Phosphatfällung erfolgt bei einigen Kläranlagen auch an anderer Stelle. So können Fällungsmittel bereits im Zulauf zum Vorklärbecken zugesetzt werden. Die Zugabe in das Belebungsbecken selbst ist ebenfalls möglich. Die Flockenabscheidung erfolgt dann im Nachklärbecken.
Als Direkteinleiter dürfen kommunale Kläranlagen das von organischen Stoffen befreite Abwasser direkt in ein Gewässer einleiten. Das gereinigte Wasser enthält noch viele Mineralsalze, die eine Düngewirkung haben. Dadurch wird das Algenwachstum angeregt.

A1 Benenne die mit Ziffern gekennzeichneten Abschnitte einer Kläranlage in Abbildung 1.

A2 Beschreibe mithilfe der Abbildung 2 die Wirkungsweise einer dreistufigen Kläranlage.

A3 Begründe, warum die Vorgänge im Belebungsbecken den natürlichen Prozessen in einem Fließgewässer entsprechen.

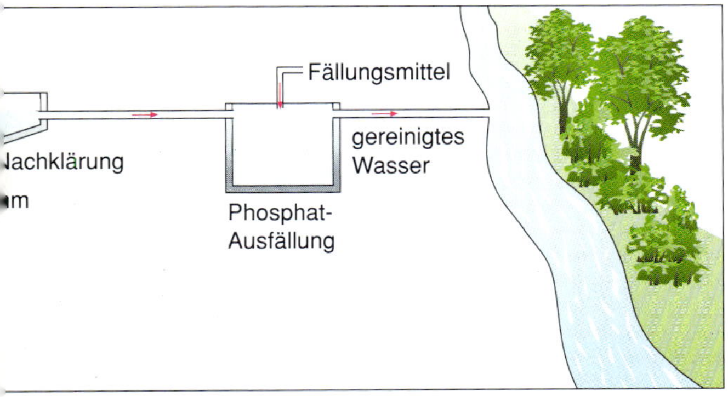

2 Kommunales Klärwerk (Schema)

Exkurs

Industrieabwässer

1 Fischsterben in der Theiß 2000

Ein Dammbruch des Klärteichs einer Goldmine in Rumänien führte im Jahr 2000 dazu, dass etwa 10 000 Kubikmeter Spülwasser und Schlamm unkontrolliert in den Fluss Lapos gelangten. Dadurch wurden giftige Cyanide und Schwermetalle in den Fluss gespült.
Die Giftwelle wurde zuerst in die Szamos und dann in die Theiß nach Ungarn transportiert. Durch diese ökologische Katastrophe kam es in den genannten Flüssen zu einem riesigen Fischsterben. Die dort lebenden Fischer wurden innerhalb von zwei Wochen ihrer Existenzgrundlage beraubt.
Die Donau wurde glücklicherweise nur wenig belastet, da sich die Gifte genügend verdünnt hatten. In den betroffenen Nebenflüssen werden jedoch noch Jahrzehnte nach dem Unglück Auswirkungen auftreten. Schuld daran sind Schwermetallablagerungen von Kupfer, Zink und Quecksilber, die im Boden der Flüsse gespeichert sind.
Solche Umweltkatastrophen sind relativ selten. In Deutschland unterliegt die Abwasseraufbereitung strengen Auflagen. Das trifft besonders für Betriebe der chemischen und Metallverarbeitenden Industrie zu. Metallhaltige Abwässer fallen zum Beispiel in Beizereien, Galvanisierbetrieben, Stahl- und Walzwerken an. Hier müssen häufig saure, schwermetallhaltige Abwässer aufbereitet werden. Nach einer Neutralisierung fällt man die Schwermetalle aus. Diese Metalle können anschließend in weiteren technischen Prozessen zurückgewonnen werden. Cyanidhaltige Abwässer müssen durch Oxidation entgiftet werden. Auch hier bemüht man sich um geschlossene Kreisläufe, bei denen die Bestandteile zurückgewonnen werden. Abwässer aus der chemischen Industrie werden in der Regel zunächst in firmeneigenen Kläranlagen gereinigt, bevor sie in das Kanalsystem gelangen.

Praktikum

Modellversuch zur Klärung von Abwasser

V1 Untersuchung von Abwasser

Material: Großes Becherglas oder kleiner Eimer, Holzquirl, Löffel, Pipette, Reagenzglas mit passendem Stopfen, 2 kleine Bechergläser, Eiweißteststreifen, Teststreifen für Phosphat oder entsprechendes Testset aus einem Koffer für Wasseruntersuchungen, etwa 1 Liter Fluss- oder Teichwasser, Hühnereiklar, Sand, Gartenerde, Seife, Kaliumphosphat, Waschmittel, Papierschnipsel.

Durchführung:

1. Gib in das Wasser einen Löffel Gartenerde, einen Löffel Sand, einen halben Löffel Waschmittel und einige Seifenflocken. Füge eine Löffelspitze Kaliumphosphat und das Eiklar eines Hühnereies hinzu. Zum Schluss kommen noch die Papierschnipsel dazu. Rühre diese Mischung mit dem Quirl um. Lass das so vorbereitete Abwasser eine viertel bis halbe Stunde stehen.

Nachweisreaktionen mit dem Abwasser:

2. Entnimm nach dem Absetzen etwa 10 ml Wasser und fülle dieses in ein Reagenzglas. Verschließe das Glas mit dem Stopfen und schüttle es kräftig um.
3. Entnimm eine zweite Abwasserprobe und teste diese mithilfe des Teststreifens auf das Vorhandensein von Eiweißstoffen.
Vergleiche das Testfeld dazu mit der Farbskala auf der Verpackung.
4. Teste eine dritte Wasserprobe auf das Vorhandensein von Phosphaten. Arbeite dabei mit einem Teststäbchen oder mit dem Testset für Phosphat aus einem Wasserkoffer. Führe die Untersuchung mithilfe der Arbeitsanleitung durch.

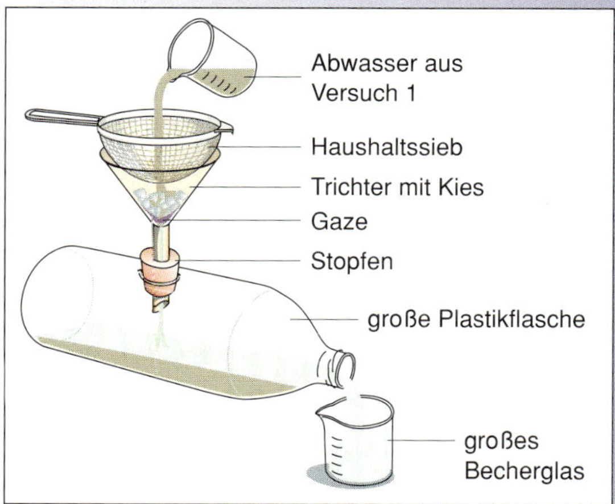

1 Modellversuch zur mechanische Reinigung

Aufgaben: a) Beschreibe Aussehen und Beschaffenheit des von dir hergestellten Abwassers.
b) Führe die Nachweisreaktionen durch und gib jeweils die Beobachtungen an.
c) Erläutere deine Beobachtungen.

V2 Mechanische Reinigung

Material: Abwasser aus Versuch 1, große Plastikflasche (ein oder zwei Literflasche) großer Trichter, Becherglas, Sieb, Kies, Stopfen, kleines Stück Gaze, ein gewinkeltes Glasrohr.

Durchführung: Baue eine Filteranlage für dein restliches Abwasser auf. Nutze dazu die Abbildung 1. Lass das gesamte Abwasser durch diesen Filter und die Flasche laufen.

Aufgaben: a) Beschreibe Aussehen und Beschaffenheit des mechanisch gereinigten Wassers.
b) Vergleiche den Modellversuch mit der mechanischen Stufe einer Kläranlage.

V3 Biologische Reinigungsstufe

Material: mechanisch gereinigtes Wasser aus V2, großer Standzylinder Aquarienpumpe oder Sprudelstein für das Aquarium.

Durchführung: Gib das Produkt aus V2 in einen großen Standzylinder. Durchlüfte das Abwasser nun an einem sicheren Standort für mehrere Tage mithilfe einer Aquariumpumpe. Entnimm nach drei und zehn Tagen jeweils eine Wasserprobe von etwa 15 ml. Prüfe dann wieder drei Wasserproben wie im Versuch V1 a) bis c) auf das Vorhandensein von Seifenstoffen, Eiweißstoffen und Phosphat.

Aufgaben: a) Protokolliere deine Versuchsergebnisse.
b) Erkläre deine Beobachtungen.

V4 Chemische Reinigungsstufe

Material: biologisch gereinigtes Wasser aus V3, drei Bechergläser, Eisen-III-chlorid-Lösung, Trichter, Filterpapier.

Durchführung: Entnimm etwa 50 ml biologisch gereinigtes Wasser. Fülle es in ein Becherglas. Gib dazu etwa 10 ml der Eisen-III-chlorid-Lösung. Dabei entsteht ein gelber Niederschlag von Eisenphosphat.
Filtriere dieses Gemisch wie in der Abbildung 2 gezeigt. Prüfe das Filtrat zum Schluss noch einmal wie in V1 c) auf Phosphat.

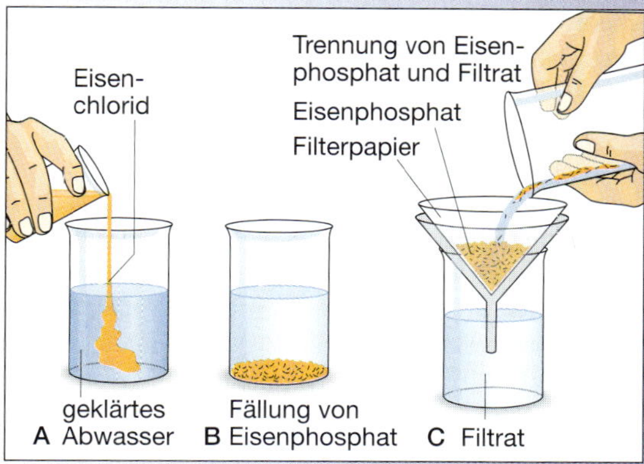

2 Fällen und Filtrieren als chemische Reinigung

Aufgaben: a) Erstelle ein Versuchsprotokoll für die Fällung von Phosphat. Vergleiche hier die ermittelten Werte für Phosphat aus den Teilvesuchen V1, V3 und V4.
b) Vergleiche den Teilversuch V4 mit der Arbeitsweise der chemischen Reinigungsstufe einer Kläranlage.
c) Nur wenn der Phosphatgehalt in einem Abwasser besonders hoch ist, muss dieser verringert weden. Begründe diese Aussage.

Glossar

Abwasser: zusammenfassende Bezeichnung für Wasser, das nach der Nutzung abgeleitet und gegenüber der natürlichen Beschaffenheit nachteilig chemisch und/oder biologisch verändert wurde. Nach Herkunft und Zusammensetzung unterscheidet man häusliche, kommunale und industrielle Abwässer.

Bach: erster Abschnitt eines Fließgewässers mit Gefälle, hoher Fließgeschwindigkeit und heftigen Turbulenzen. Die Temperatur ist konstant niedrig und der Sauerstoffgehalt ist hoch. Charakteristische Leitfische sind Forelle und Äsche.

Biologisches Gleichgewicht: Population in einem Ökosystem, z. B. Raubtiere und ihre Beute beeinflussen sich gegenseitig, wobei sich ein relativ stabiler Zustand einpendelt, das biologische Gleichgewicht.

Biologische Selbstreinigung: Rückgang organischer Verschmutzungen in Gewässern. Die Stoffe werden vor allem durch Mikroorganismen abgebaut. Auch Verdünnung und Transportvorgänge sind an der Selbstreinigung beteiligt.

Fluss: dem Bach nachfolgender Teil eines Fließgewässers in der Ebene. Strömung und Sauerstoffgehalt sind geringer. Die hier auftretenden Temperaturschwankungen sind höher als beim Bach. Leitfische dieser Region sind Barbe und Brachse.

Gewässergüte: Je nach der Stärke der Belastung eines Fließgewässers mit Verschmutzungsstoffen kann man die Wasserbeschaffenheit in Klassen einteilen. Man unterscheidet:
Güteklasse I: unbelastet bis sehr gering belastet
Güteklasse II: mäßig belastet
Güteklasse III: stark verschmutzt
Güteklasse IV: übermäßig verschmutzt

Klärwerk: Anlage zur Abwasserreinigung. Dabei werden Verunreinigungen aus dem Wasser beseitigt. Das geschieht in drei aufeinander folgenden Stufen: der mechanischen, der biologischen und der chemischen Reinigung.

Leitfische: Fischarten, die mit hoher Konstanz und Regelmäßigkeit in einem bestimmten Fließgewässer auftreten. Sie dienen zur Kennzeichnung der Lebensbedingungen in diesem Teil des Ökosystems.

Plankton: Lebensgemeinschaft im freien Wasser schwebender Organismen mit fehlender oder geringer Eigenbewegung. Planktische Tiere bilden das Zooplankton, planktische Pflanzen dagegen das Phytoplankton. Das Plankton eines Süßwassers besteht vor allem aus Algen, Einzellern, Rädertierchen und Kleinkrebsen.

Trinkwasser: als Lebensmittel aufbereitetes Wasser, dessen Qualität höchste Ansprüche erfüllen muss. Es muss hygienisch einwandfrei, klar, frisch, geruchs- und geschmacklos sein.

Schwimmpflanze: Pflanze, die auf der Wasseroberfläche frei schwimmt. Sie hat meist spezielle Anpassungen wie Luft gefüllte Blattgewebe und Spaltöffnungen auf der Blattoberseite.

Stromlinienform: Anpassung bei Wasserorganismen, um den Strömungswiderstand und damit die Reibung zu verringern, Form entspricht einer Spindel.

Tauchpflanze: unter Wasser lebende Pflanze, die kaum Festigungsgewebe besitzt und ihren Gasaustausch über die gesamte Blattfläche durchführt.

Stadt

1 Die Stadt – ein Ökosystem mit Besonderheiten

Es wird manchem seltsam erscheinen, dass eine Stadt ein Ökosystem sein soll. Da es sich bei einem Ökosystem um ein Beziehungsgefüge von Lebewesen untereinander und mit ihrer Umwelt handelt, so ist diese Zuordnung gerechtfertigt. Ein Stadtökosystem ist aber durch eine Reihe von Besonderheiten gekennzeichnet.
Der wichtigste Unterschied besteht darin, dass ein **urbanes Ökosystem** vom Menschen erdacht und geschaffen wurde. Als Folge werden die meisten *abiotischen Faktoren* in solchen Ballungsräumen vom Menschen bestimmt. Aus der Bebauung und Nutzung der ursprünglichen Landschaft ergeben sich neue, den Biotopen vergleichbare Strukturen.
In der Innenstadt findet man meist eine **geschlossene Bebauung.** Hier bestimmen geschlossene Gebäudefronten das Stadtbild. Es handelt sich zumeist um Gebäude in denen der Mensch lebt, arbeitet und sich versorgt. Grünflächen sind kaum vorhanden.
Es schließen sich Bereiche mit **halboffener Bebauung** an. Hier wechseln geschlossene Gebäudefronten mit einzeln stehenden Gebäuden ab. Kleinere Grünflächen und begrünte Innenhöfe lockern das Gebiet weiter auf. Zu dieser Art von Bebauung gehören auch Industrieflächen mit Transportanlagen, Gleis- und Straßenanschlüssen. Am Rand der Städte tritt meist eine **offene Bebauung** auf. Sie besteht aus Villenvierteln, Gartenstädten und Kleingartenanlagen mit Grünflächen. Eingestreut sind Rasenflächen, Friedhöfe, Parkanlagen und Stadtwälder.
Offene Landschaften wie landwirtschaftliche Flächen oder Wälder verbinden die Städte mit ihrer Umgebung. Neben der Bebauung bedingen u. a. Bodenverdichtungen, Flächenversiegelungen, Verkehr, Kraftwerks- und Heizungsanlagen die abiotischen Faktoren in der Stadt. Der wichtigste *biotische Faktor* im urbanen Ökosystem ist der Mensch. Etwa die Hälfte aller Bundesbürger lebt in Ballungsgebieten. Diese nehmen nur rund sieben Prozent der Fläche Deutschlands ein. Menschen sind Konsumenten. Ihre Versorgung erfolgt durch eine dauernde Stoffzufuhr aus den umgebenden Ökosystemen. Nahrungsmittel, fossile Brennstoffe wie Kohle, Heizöl und Benzin oder Energie in Form von Strom oder Fernwärme gehören dazu. Zusätzlich müssen Wasser, andere Rohstoffe und Verbrauchsgüter in das urbane Ökosystem eingeführt werden. Nahrungsmittel werden in menschliche Biomasse, Energie und Fäkalien umgewandelt. Aus Trinkwasser wird Abwasser, aus Verbrauchsgütern Müll und aus fossilen Brennstoffen Abgase und Abwärme. Bei vielen Umwandlungsprozessen entsteht zusätzlich Lärm. Die Abfallprodukte verlassen das urbane Ökosystem auf verschiedenen Wegen. Fäkalien gelangen ins Klärwerk, Müll auf Deponien oder in Müllverbrennungsanlagen. Stäube und Abgase werden zum großen Teil durch Windströ-

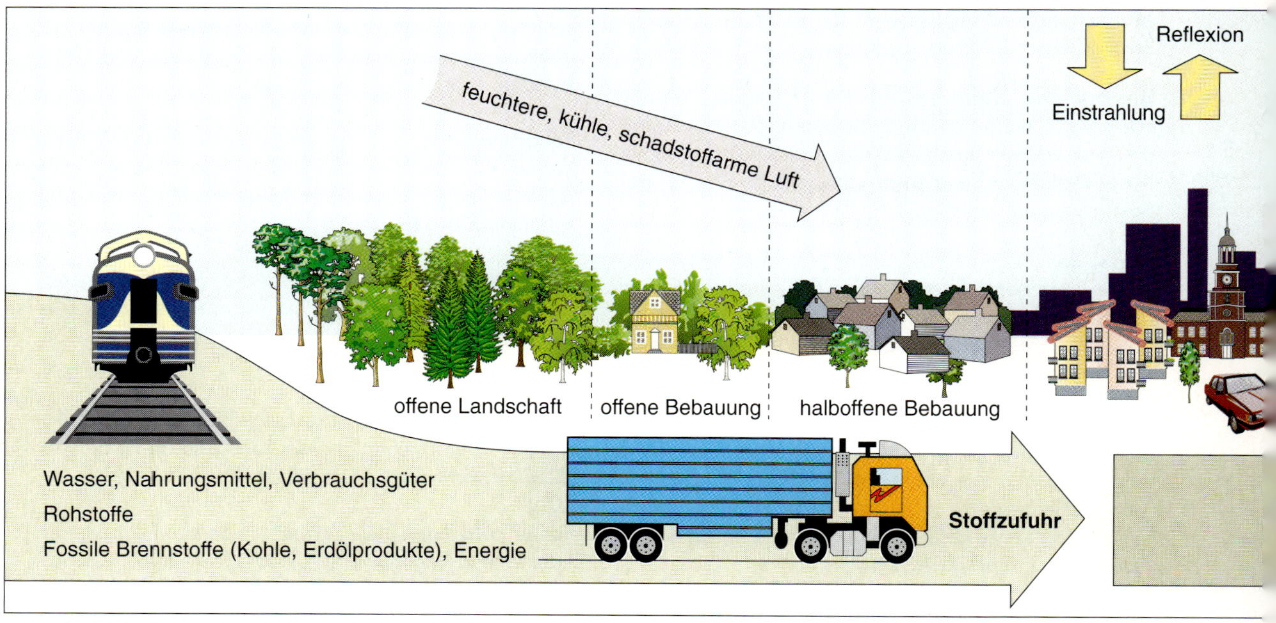

1 Stadtökosystem

mungen entfernt. Zusätzlich kommt es zu einem Temperatur bedingten Austausch von Luftschichten über der Stadt. Im Gegensatz zu natürlichen Ökosystemen sind urbane Ökosysteme durch **offene Stoffkreisläufe** gekennzeichnet. Die in das Stadtökosystem einfließenden Stoffe werden zwar von den Konsumenten verwendet und umgewandelt, aber nicht durch Destruenten soweit abgebaut, dass sie von den Produzenten oder Konsumenten wiederverwendet werden können. Tätig werden Destruenten nur noch in Mülldeponien und Klärwerken innerhalb oder außerhalb der Stadtökosysteme. Die dabei entstehenden Abbauprodukte sind oft mit Schadstoffen wie z. B. Schwermetallen belastet. Sie müssen dann als Sondermüll verbrannt oder dauerhaft gelagert werden. Stadtökosysteme verbrauchen also in erster Linie die Rohstoffe der Umgebung, ohne sie zu ersetzen. Sie belasten zusätzlich die umgebenden Ökosysteme mit ihren gasförmigen, flüssigen und festen Abfällen.

A1 Erläutere mithilfe der Abbildung 1 die Eigenschaften eines urbanen Ökosystems. Vergleiche die Stadt mit einem natürlichen Ökosystem. Erläutere die Unterschiede.

A2 Erläutere welche Bedeutung die umgebenden Ökosysteme für das Stadtökosystem haben.

A3 Werte die in der Tabelle angegebenen Werte aus.

A4 Erläutere, warum die Vegetationsperiode in urbanen Ökosystemen verlängert ist.

Faktor	Charakteristische Größen	Abweichung vom Umland
Strahlung	Gesamtstrahlung UV-Strahlung(Winter) UV-Strahlung(Sommer) Sonnenscheindauer	–15 bis –20 % –70 % –10 bis –30 % –5 bis –15 %
Temperatur	Jahrestemperatur maximale Temperaturunterschiede Frost- u. Eistage	+0,5 bis + 2°C +3 bis +10 °C –45 %
Niederschlag	Jahresniederschlag Schneefall	+ 5 bis +10 % –5 bis –10 %
relative Luftfeuchtigkeit	im Winter im Sommer	–2 % –8 bis –10 %
Jahresverdunstung	jährliches Mittel	–30 bis –60 %
Wolken	Bedeckung Nebel (Winter) Nebel (Sommer)	+ 5 bis + 10 % + 100 % + 30 %
Windgeschwindigkeit	jährliches Mittel Windstille	–20 bis –30 % +5 bis +20 %
Abgase	Kohlenstoffmonooxid Kohlenstoffdioxid Schwefeldioxid	25 mal mehr 10 mal mehr 5 mal mehr

2 Abiotische Faktoren in Stadtökosystemen im Vergleich zum Umland

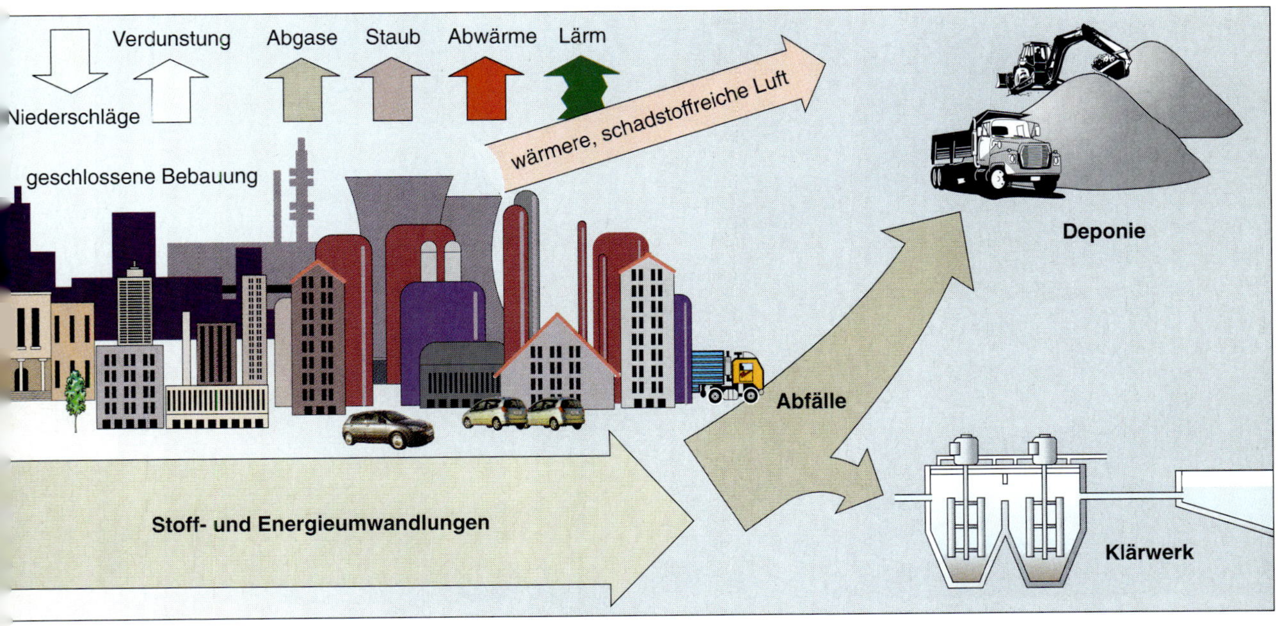

2 Biotope und Biozönosen in der Stadt

Während wir Menschen mehr oder weniger die gesamte Stadt nutzen, sind die Lebensräume der übrigen Lebewesen begrenzt. Parks, Wiesen, Gewässer und Stadtwälder stellen relativ große Biotope für die Pflanzen und Tiere der Stadt dar. Aber auch Baumalleen, Friedhöfe, begrünte Mittelstreifen, größere Grünanlagen und Wiesen können wertvolle Lebensräume sein.
Daneben gibt es zahlreiche *Kleinstbiotope,* die man meist übersieht. Zu solchen gehören z. B. begrünte Dächer und Hauswände, aber auch Straßen-, Weg-, Fassadenränder, Einfassungen von Straßenbäumen (Baumscheiben) und Pflasterritzen. Der Mensch begrünt Dächer und pflanzt Kletterpflanzen wie *Efeu, Falschen Wein* oder *Glycinien* zur Begrünung von Häuserfassaden. In den übrigen Kleinstbiotopen dagegen siedeln sich Pflanzen ohne das Zutun des Menschen an.
Es handelt sich um **Ruderalpflanzengesellschaften.** Zu ihnen gehören relativ hochgewachsene, meist einjährige Kräuter wie *Brennnessel, Beifuß, Berufkraut* und *Nachtkerze,* die an Schuttplätzen, Brachflächen, Weg- und Straßenrändern wachsen. Sie sind meist wärmeliebend und an die Trockenheit ihrer Standorte besonders angepasst. Auf befahrbaren und begehbaren Flächen kommt die so genannte **Pflasterritzentrittgesellschaft** vor. Diese „Trittpflanzen" sind an häufige Trittbelastungen oder an das Befahren angepasst. Meist sind sie klein, verzweigen sich in der Nähe der Bodenoberfläche und besitzen ein festes aber elastisches Gewebe. Beschädigte oder zerstörte Teile können sich schnell regenerieren. Sie erzeugen viele Samen mit hoher Lebensdauer und haben deshalb ein hohes Vermehrungspotential. Eine *Löwenzahnpflanze* kann z. B. in einem Jahr bis zu 6000 Samen produzieren. Sie werden durch den Wind schnell und weit verbreitet und können noch nach vielen Jahren keimen. Viele der Pflanzen sind mit einer Pfahlwurzel oder mit einem weit verzweigten Wurzelsystem ausgestattet. Dadurch sind sie in der Lage, sich an ihren trockenen Standorten mit Wasser und Mineralsalzen zu versorgen.

Viele der Wildkräuter im Stadtökosystem, die wir auch abwertend als „Unkräuter" bezeichnen, sind keine einheimischen Pflanzen. Sie stammen oft aus wärmeren Ländern des Mittelmeerraumes oder aus Kleinasien, wo sie trockene und mineralstoffarme Standorte bevorzugen. Solche Pflanzen bezeichnet man als „Neubürger" oder *Neophyten.* In den Städten finden sie Standorte mit ähnlichen abiotischen Faktoren, die sie als Ersatzbiotope besiedeln. Überall in den Innenstädten Mitteleuropas kommen etwa die gleichen 100 Pflanzenarten vor. In Berlin hat man z. B. bei einer geschlossenen Bebauung 308, bei offener Bebauung 424 und in der offenen Landschaft 357 verschiedene Farn- und Blütenpflanzenarten pro Quadratkilometer festgestellt.

1 Biotope im urbanen Ökosystem. A Park; ***B*** Teich; ***C*** Baumscheibe; ***D*** Pflasterritzen

Die Ruderalpflanzen und die Pflanzen der Pflasterritzentrittgesellschaft bilden als Produzenten die Nahrungsgrundlage für viele Konsumenten. So leben die Raupen von 25 verschiedenen Schmetterlingsarten von der Brennnessel. Zu ihnen gehören u. a. *Admiral, Kleiner Fuchs, Landkärtchen* und *Tagpfauenauge*. Vom *Wegerich* können sich 48 und vom *Löwenzahn* 41 verschiedene Falterraupen ernähren. Die Zahlen verdeutlichen auch die ökologische Bedeutung dieser als „Unkräuter" bezeichneten Pflanzen. *Eichen, Birken* und *Weiden* bilden die Nahrungsgrundlage für etwa 200, *Weißdorn* und *Schlehe* für etwa 100 verschiedene Insektenarten.

Von diesen Insekten leben nach dem Räuber-Beute-Prinzip eine ganze Reihe weiterer kleinerer und größerer Konsumenten. Zu den Letzteren gehören vor allem viele Vogelarten. In einer Großstadt wie Berlin brüten z. B. über 100 verschiedene Vogelarten. Einige haben in der Stadt Ersatzbiotope gefunden. Ursprüngliche Felsenbrüter wie *Turm-* oder *Wanderfalken, Dohlen, Mauersegler* und *Schwalben* haben u. a. Mauervorsprünge, Dächer oder Kirchtürme als Ersatzbrutplätze bezogen. Ursprüngliche Waldbewohner wie *Amseln, Singdrosseln, Mönchgrasmücken, Laubsänger-* und *Meisenarten* nutzen z. B. Parkanlagen und Kleingärten als Ersatzbiotope. Selbst auf Alleebäumen viel befahrener Straßen haben *Elstern* und *Saatkrähen* ihre Nester. Aber auch Säugetiere leben in den Städten. So haben *Fledermäuse, Iltisse, Baummarder, Eichhörnchen, Füchse, Igel, Ratten* und *Mäuse* die Städte als Lebensraum erobert. Den Großteil der Tiere, die mit uns in den Städten leben bemerken wir nur selten. Dazu gehören Bodentiere wie die *Regenwürmer*. Es leben 10 verschiedene Arten in den Stadtböden. Auch Spinnentiere wie die *Kreuzspinne* und viele Insekten wie *Käfer-, Fliegen-, Bienen-* und *Wespenarten* kommen in der Stadt vor.

A1 Erstelle eine Liste mit Groß- und Kleinstbiotopen auf dem Schulgelände.

A2 Ordne die in Abbildung 2 angegebenen Pflanzen entsprechenden Biotopen zu.

A3 Schildere abiotische Faktoren an die die Pflanzen in den Kleinstbiotopen angepasst sind.

A4 Beschreibe und erläutere Anpassungserscheinungen der Pflanzen an ihre Standorte.

A5 Stelle Beziehungen zwischen Pflanzen und Tieren in den Kleinstbiotopen dar.

A6 Erläutere, warum Menschen Wildkräuter als „Unkräuter" bezeichnen. Trage Gründe zusammen, die gegen diese Bezeichnung sprechen.

2 Pflanzen von Kleinstbiotopen. A *Vogelknöterich;* **B** *Strahlenlose Kamille;* **C** *Breitwegerich;* **D** *Mäusegerste;* **E** *Knopfkraut;* **F** *Gänsefuß;* **G** *Nachtkerze;* **H** *Kanadisches Berufkraut*

Praktikum

Untersuchung abiotischer und biotischer Faktoren im Schulumfeld

V1 Messung der Bodenverdichtung

Material: Plastikhammer, Zeltnagel
Durchführung: Versuche den Zeltnagel an einer steinfreien Stelle in den Boden der zu untersuchenden Flächen zu drücken. Verwende bei verdichteten Böden einen Plastikhammer. Zähle die benötigten Hammerschläge, um den Zeltnagel in den Boden zu treiben.
Aufgaben: a) Werte mithilfe der folgender Tabelle aus und vergleiche die Ergebnisse.
b) Beachte den Pflanzenwuchs auf unterschiedlich verdichteten Flächen. Was fällt dir auf?

Zeltnagelprobe	Verdichtung
Zeltnagel lässt sich leicht in den Boden drücken	nicht vorhanden oder sehr gering
Zeltnagel lässt sich mit 2 bis 3 Hämmerschlägen vollständig in den Boden schlagen	schwach bis gering
Zeltnagel lässt sich mit 4 bis 6 Hämmerschlägen vollständig in den Boden schlagen	mittel
Zeltnagel lässt sich auch mit einer höheren Anzahl von Hammerschlägen nicht vollständig oder kaum in den Boden schlagen	stark bis sehr groß

V2 Messung der Temperatur

Material: Alkohol- oder Digitalthermometer, Minimum-Maximum-Thermometer

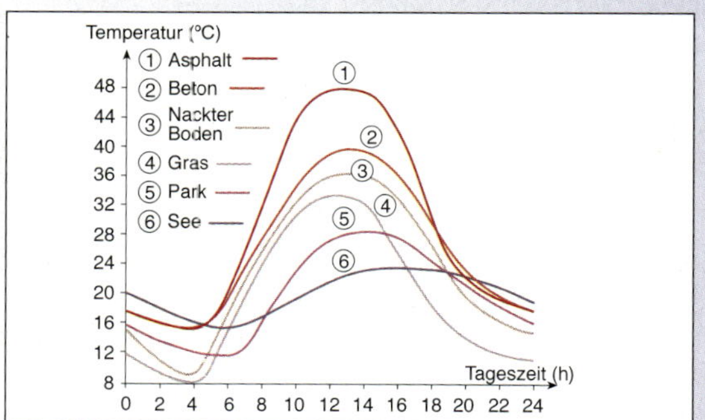

1 Temperaturmessungen

Durchführung:
1. Führe Temperaturmessungen unter möglichst gleichen Bedingungen an verschiedenartigen Standorten durch (s. auch Abb. 1). Dabei wird die Temperatur etwa 5 cm über dem Boden gemessen. Bei der Messung muss das Thermometer beschattet werden.
2. Hänge ein Minimum-Maximum-Thermometer über einen längeren Zeitraum in einen Baum oder in eine begrünte Fassade. Das Thermometer muss dabei immer beschattet sein. Lies am Thermometer die niedrigste (Minimum-) und die höchste (Maximum-) Temperatur ab.

Aufgaben: a) Halte deine Ergebnisse in einer Tabelle fest und werte aus.
b) Vergleiche deine Messungen mit den Werten in Abb. 1 und erläutere.

V3 Messung der Luftfeuchtigkeit

Material: Hygrometer

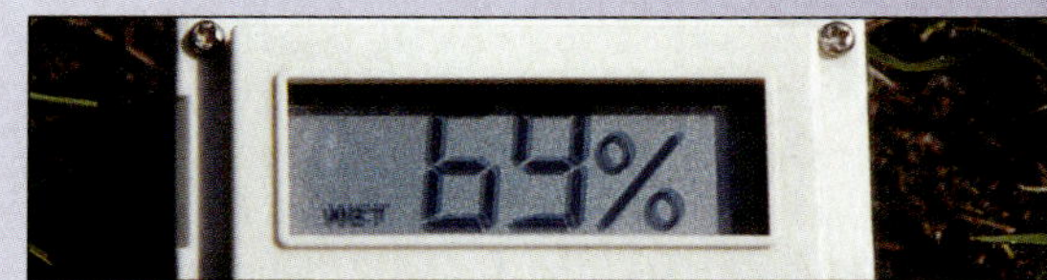

2 Hygrometer

Durchführung: Miss mit einem Hygrometer die Luftfeuchtigkeit an den Standorten, die auch bei der Temperaturmessung untersucht werden. Miss zusätzlich die Luftfeuchtigkeit in Bäumen und begrünten Fassaden.
Aufgaben: a) Halte deine Ergebnisse in einer Tabelle fest.
b) Erläutere die in den Versuchen 2 u. 3 gemessenen Werte. Setze sie miteinander in Beziehung.

V4 Nachweis von Bodentieren

Material: Einmachgläser (1 l), Glasschale, Papierschnitzel, Pinzette, Schaufel
Durchführung: Stelle Fallen an Standorten wie z. B. gepflegten Rasenflächen oder naturnahen Wiesen auf. Grabe die gleich großen Gläser so ein, dass ihre Öffnungen etwa 1 cm aus dem Boden herausragen. Fülle anschließend den Rand so auf, dass ein leicht abschüssiger Rand entsteht. Gib in die Gläser etwa bis

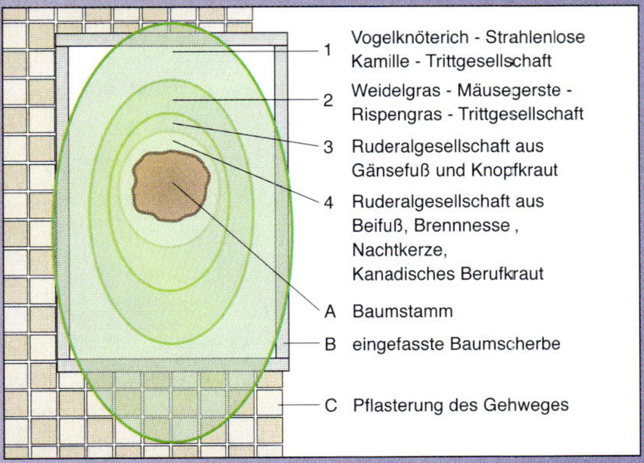

3 Vegetationszonierung um einen Baum

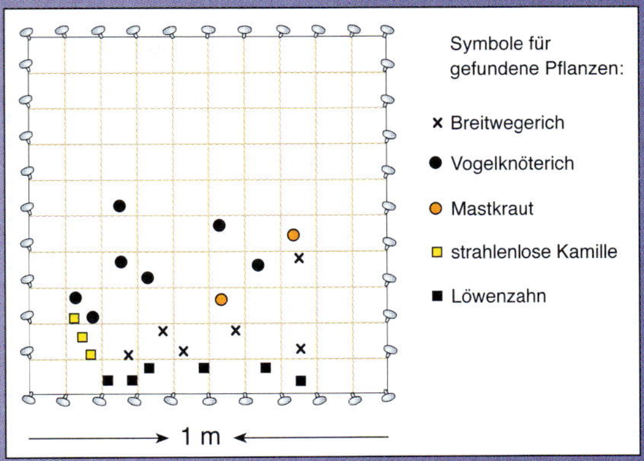

4 Planquadrat zur Bestandsaufnahme von Pflanzen

zur Hälfte Papierschnitzel. Die Öffnungen der Gläser kannst du zusätzlich mit Platten (Plastik, Borke usw.), die auf vier Holzstäbchen stehen gegen Regen schützen.

Aufgaben: a) Leere jeden Tag die Gefäße. Zähle und bestimme die Tiere. Setze die Tiere wieder an ihrem Fundort aus.

b) Stelle die Anzahl jeder Tiergruppe oder Tierart in einem Säulendiagramm dar. Vergleiche die verschiedenen Standorte und erläutere mögliche Unterschiede.

V5 Vegetationszonierung um einen Baum

Material: Bestimmungsbuch, Millimeterpapier oder kariertes Papier, Zeichenbrett, Zollstock

Durchführung: Suche in der Hauptvegetationsperiode (Juni bis September) Straßenbäume aus, deren Umgebung bewachsen ist.

Aufgaben: a) Bestimme mithilfe eines Bestimmungsbuches die Pflanzen, die sich um den Baum herum angesiedelt haben.

b) Halte deine Ergebnisse in einer Zeichnung fest. Vergleiche diese mit der Abbildung 3.

c) Durch welche Maßnahmen wird die Ansiedlung von Wildkräutern oft verhindert?

V6 Bestandsaufnahme von Pflanzen

Material: Bindfaden, Hammer, 40 große Nägel (ca. 10 cm) für jedes Planquadrat, Millimeterpapier oder kariertes Papier, Zeichenbrett, Zollstock

Durchführung:

1. Suche Planquadrate auf befestigten und unbefestigten Wegen, Rasenflächen oder auf dem Schulhof aus.
2. Schlage mit dem Plastikhammer die vier äußersten Nägel eines Planquadrates mit der Seitenlänge von einem Meter in den Boden. Schlage dann anschließend jeweils im Abstand von 10 cm neun weitere Nägel gleich tief auf jeder Seite des Planquadrates ein. Die Nägel werden jetzt mit einem Bindfaden so verbunden, dass das Planquadrat in 10 cm x 10 cm große Quadrate unterteilt wird. Ein entsprechendes Planquadrat wird auf Millimeterpapier oder kariertem Papier erstellt.
Ein Planquadrat lässt sich auch auf einem Holzrahmen fest installieren. Es lässt sich so, einmal erstellt, mehrfach einsetzen und zu den verschiedenen Standorten transportieren.
3. Bestimme mithilfe eines Bestimmungsbuches die Pflanzen des Planquadrates. Nutze dazu auch die Seite 45.
4. Lege für die verschiedenen Pflanzenarten unterschiedliche Symbole fest. Orientiere dich an der Abbildung 4. Trage anschließend in jedes Quadrat für jedes Individuum einer Art das gleiche Symbol ein. Sollten Pflanzenarten in größeren Beständen auftreten, so wird die geschätzte Individuenzahl jeder Art pro Quadrat angegeben.

Aufgaben: a) Vergleiche die Bestandskarten der verschiedenen Standorte miteinander und erläutere auftretende Unterschiede.

b) Untersuche besondere Anpassungen der Pflanzen an ihren Standort. Untersuche dazu nicht nur die oberirdischen, sondern auch die unterirdischen Teile der Pflanzen.

c) Vergleiche die Pflanzen der Ruderalgesellschaften, die sich um einen Baum angesiedelt haben mit denen der Pflasterritzentrittgesellschaften. Erläutere auftretende Unterschiede.

d) Viele Mitglieder der beiden Pflanzengesellschaften besitzen eine besondere Schadstofftoleranz. Erläutere den Begriff.

3 Bedeutung und Gefährdung von Stadtbiotopen

Die Stadtbiotope haben nicht nur einen Wert an sich, sondern auch eine große Bedeutung für die Menschen, die in der Stadt leben. So bietet z. B. ein Stadtpark als Biotop dem Erholung suchenden Menschen Ruhe und Entspannung. Auch in das Stadtökosystem eingestreute kleinere Biotope wie Rasenflächen, Grünstreifen, Baumalleen oder Blumenrabatten erhöhen durch ihren Anblick unser Wohlbefinden und damit unsere Lebensqualität. Sie haben aber auch noch weitere Funktionen.

So wirken sich Grünstreifen günstig auf das Klima in der Stadt aus. Hauswände geben 30 bis 80 Prozent und Straßen 30 bis 40 Prozent der eingestrahlten Energie wieder ab. Sie heizen dadurch, besonders in den Sommermonaten, die Innenstädte auf. Dagegen dämpfen Grünstreifen diesen Effekt. Sie nehmen 80 bis 95 Prozent der eingestrahlten Energie auf.

Die Bäume und Sträucher von Grünstreifen in den Straßen wirken sich noch in anderer Weise auf das Stadtklima aus. Bäume regen die Luftzirkulation in Straßenschluchten an. Die wärmere Luft steigt zwischen den Bäumen auf. Dabei wird die Luft durch die Wasserdampfabgabe der Bäume befeuchtet. Bei der Verdunstung des Wassers entsteht Verdunstungskälte, die die Luft zusätzlich kühlt. Die feuchtere und kühlere und damit schwerere Luft sinkt dann wieder ab. Dadurch entsteht ein Austausch, bei dem mit der Luft ständig auch Staub, Abgase und andere Schadstoffe an den Blättern der Bäume vorbei geführt werden. Sie wirken dabei wie ein Filter, der die Schadstoffe aus der Stadtluft entfernt. Durch Niederschläge werden die Schadstoffe zum großen Teil wieder von den Blättern abgespült. Die als Filter wirkende Oberfläche hängt von der Pflanzenart ab. Sie beträgt bei einem Quadratmeter Rasen 10 Quadratmeter. Ein Strauch hat 100 und ein Baum 1000 Quadratmeter filternde Oberfläche pro Quadratmeter. Eine mit Bäumen bestandene Straße ist dadurch zirca 3 bis 4 Mal weniger mit Staub und Schadstoffen belastet als eine Straße ohne Bäume. Eine etwa 100 Jahre alte allein stehende Buche reinigt mit ihren 200 000 Blättern pro Stunde etwa 5000 Kubikmeter Stadtluft. In der gleichen Zeit nimmt sie ca. 2,35 kg Kohlenstoffdioxid auf und gibt 1,7 kg Sauerstoff an die Umgebung ab. An einem Sonnentag kann sie durch Verdunstung etwa 400 Liter Wasser abgeben. Die Stadtluft wird also

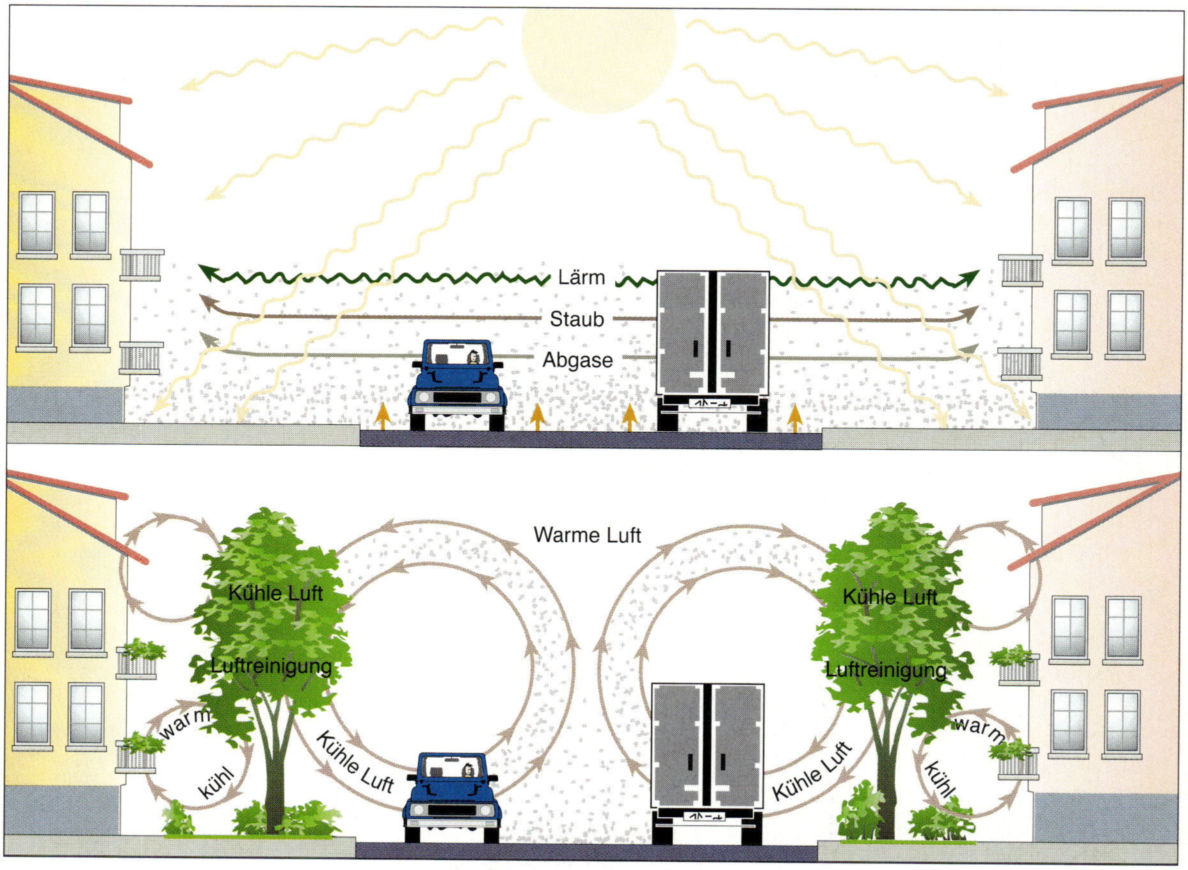

1 Bedeutung von Grünstreifen in Straßenschluchten

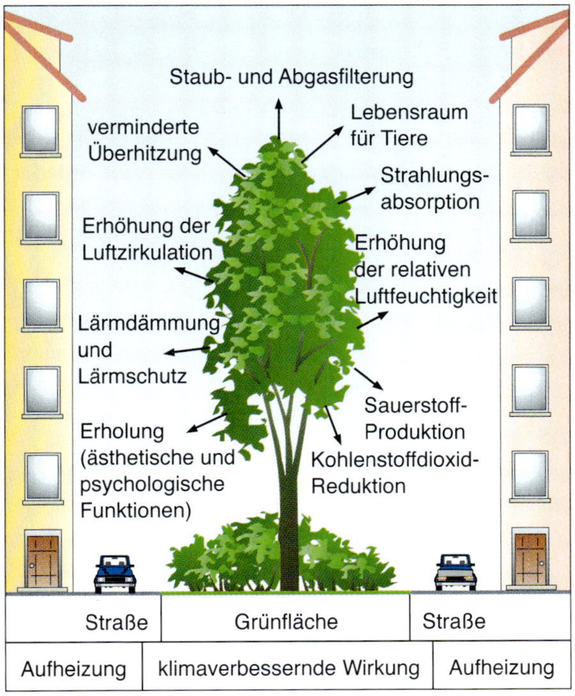

2 Funktion von Alleebäumen

nicht nur gereinigt, sondern auch mit Sauerstoff und Wasserdampf angereichert. Zusätzlich mindern die Bäume und Sträucher den Verkehrslärm.

Damit die Bäume ihre Funktion für das Stadtökosystem erfüllen können, müssen sie entsprechend behandelt und gepflegt werden. Gerade mit dieser Behandlung und Pflege ist es schlecht bestellt. So sind die meisten Stadtbäume nicht mit einer ausreichend großen unbefestigten Baumscheibe ausgestattet. Nach einer Faustregel sollte der Durchmesser der Baumscheibe dem Durchmesser der Baumkrone entsprechen. Vorhandene Baumscheiben werden zumeist durch Kraftfahrzeuge zugeparkt. Dabei wird der Boden verdichtet und oft durch Ölrückstände verunreinigt. Der verdichtete Boden erschwert die Versorgung der Wurzeln mit Wasser, Mineralstoffen und Luft. Im Winter kommen Rückstände von Streusalzen hinzu. Dadurch treten Salzschäden an den Blättern der Bäume in der laufenden und folgenden Vegetationsperiode auf. Ein Teil der Blätter stirbt relativ früh im Jahr ab. Hinzu kommt, dass die Mineralstoffversorgung der meisten Straßenbäume gestört ist. Da das abfallende Laub von der Straßenreinigung beseitigt wird, ist der natürliche Nährstoffkreislauf unterbrochen. Die auf den Baumscheiben angesiedelten Wildkräuter werden von Gartenbauämtern durch Unkrautvernichtungsmittel, *Herbizide* genannt, bekämpft. Bei Straßenarbeiten werden die Wurzeln der Bäume oft beschädigt. Alles zusammen genommen führt zum Kränkeln der Bäume. Man schätzt, dass etwa die Hälfte der Straßenbäume in den größeren Städten geschädigt sind.

Exkurs

Vom Rasen zur Wiese

Wer Gelegenheit hat, eine Rasen- und Wiesenfläche vergleichend zu untersuchen, stellt fest, dass in der Wiese viel mehr Tier- und Pflanzenarten leben. Man sagt, sie ist *ökologisch wertvoll.* Wenn sich eine mindestens 50 m^2 große Rasenfläche auf dem Schulgelände befindet und der Schulträger einverstanden ist, kann auch eine Schulklasse ein solches ökologisch wertvolles Biotop schaffen.

Dazu genügt es, den Rasen nur noch ein- bis dreimal im Jahr zu mähen, wobei mit Sense oder Balkenmäher gearbeitet werden soll. Wichtig ist, das Mähgut abzufahren, damit Mineralstoffe aus dem Rasen entfernt werden und er „ausmagert". Bei einem hohen Mineralstoffgehalt können sich Wiesenblumen nicht gegen das Gras durchsetzen. Nach zwei bis drei Jahren ist dann eine Zunahme der Pflanzenarten festzustellen.

Schneller geht es, wenn man im Frühjahr die Rasendecke mit dem Spaten absticht und entfernt. Auf der freigelegten Fläche kann man eine Mischung von Wildblumensamen einsäen. Die Erfolge zeigen sich noch im selben Jahr.

A1 Vergleiche den oberen und den unteren Teil der Abb. 1 miteinander und erläutere. Beziehe die Abb. 2 in den Vergleich mit ein.

A2 Liste die Faktoren auf, die die Straßenbäume schädigen können.

A3 Stelle Maßnahmen zusammen, die zur Pflege von Straßenbäumen geeignet sind. Begründe jede der Maßnahmen.

A4 Schildere den Prozess in den Bäumen bei dem Kohlenstoffdioxid verbraucht und Sauerstoff produziert werden.

A5 Schildere die Bedeutung von Groß- und Kleinstbiotopen im urbanen Ökosystem für den Menschen.

A6 Erkundige dich bei den Gartenbauämtern nach welchen Gesichtspunkten sie die innerstädtischen Grünanlagen anlegen und pflegen. Bewerte die Gesichtspunkte kritisch.

4 Die Stadtluft

Saubere Luft besteht aus Stickstoff (78,1%), Sauerstoff (20,9%), Edelgasen (0,93%), Kohlenstoffdioxid (0,03%) und einigen geringen natürlichen Beimengungen. Zu ihnen gehören z. B. Wasserdampf, Staub und Pollen.
Die Luft, die wir einatmen, kann dagegen mit mehr als 300 verschiedenen Stoffen verunreinigt sein. Vor allem durch Verbrennungsvorgänge in Kraftwerken, Heizungsanlagen und Kraftfahrzeugen wird die Luft in den Städten mit Verschmutzungsstoffen belastet.
Wo Kohle, Erdgas, Heizöl oder Benzin verbrannt werden, entstehen neben Energie *Kohlenstoffoxide, Schwefeloxide, Stickstoffoxide* und *Rußbestandteile.* Solche freigesetzten Stoffe werden auch als **Emissionen** bezeichnet. Neben Autos, Kraftwerken und Heizungen gibt es noch weitere Emmissionsquellen, die weitere z.T. giftige Stoffe mitführen. So entstehen z. B. in Müllverbrennungsanlagen hochgiftige *Dioxine.* Auch mit *Schwermetallen* belastete Stäube können in die Umwelt gelangen. Sie reichern sich auf und in Pflanzen oder im Boden an.
Diejenigen Anteile der Emissionen, die nach Verteilung und Verdünnung in der Luft bei uns und der übrigen Umwelt ankommen, werden als **Immissionen** bezeichnet. Auf dem Weg zu uns sind sie vielfältigen chemischen Umsetzungen unterworfen. Sie führen dazu, dass neue, für die Umwelt vielfach noch giftigere Stoffe entstehen können. Zu den bekanntesten Umsetzungen gehören die Vorgänge, die zur Bildung des **Sauren Regens** führen. Er entsteht, wenn sich Schwefeldioxid und Schwefeltrioxid mit dem Wasser in der Luft zu schwefliger Säure bzw. zu Schwefelsäure umsetzen. Stickoxide können zusätzlich mit Niederschlagswasser Säuren bilden. Das saure Niederschlagswasser kann pH-Werte zwischen drei und sechs erreichen. Es ist dadurch aggressiver als der normale Regen. Er verursacht und beschleunigt Korrosionsvorgänge wie das Rosten von Eisen. Dadurch entstehen allein in Deutschland jedes Jahr Schäden in Milliardenhöhe. Solche Schäden entstehen vor allem an Baudenkmälern, Brücken, Gebäuden und Kraftfahrzeugen. Zusätzlich wirkt sich der Saure Regen schädlich auf den Menschen und die übrigen Lebewesen aus. So ist er mitverantwortlich für das Waldsterben der letzten Jahrzehnte, aber auch für geschädigte Bäume in den Städten.

A1 Stelle die Emissionen der verschiedenen Erzeuger für die einzelnen Schadstoffe in den angegebenen Jahren in der Abbildung 1 in Säulendiagrammen dar.

A2 Werte die Abbildung 1 unter folgenden Fragestellungen aus:
a) Wer verursacht die meisten Emissionen?
b) Wie haben sich die Emissionen der einzelnen Erzeuger von 1966 bis 1999 verändert?
c) Trage Gründe zusammen, die diese Veränderungen bewirkt haben.

Verursacher	Schwefeldioxid			Stickstoffdioxid			Kohlenstoffmonooxid			Kohlenstoffdioxid		
Summe der Emissionen in Mio. t	1990	1995	1999	1990	1995	1999	1990	1995	1999	1990	1995	1999
	5,327	1,994	0,831	2,706	1,967	1,637	11,213	6,667	4,952	1014	904	859
Industrie	0,226	0,084	0,078	0,031	0,015	0,012	0,702	0,618	0,558	28	18	17
Kraftwerke, Fernheizwerke, Industriefeuerungen	4,072	1,609	0,618	0,961	0,570	0,465	1,007	0,827	0,724	610	507	470
Verkehr	0,113	0,080	0,031	1,541	1,243	1,045	6,936	4,029	2,792	172	183	191
Haushalte, Kleinverbraucher	0,911	0,220	0,104	0,173	0,139	0,115	2,540	1,194	0,878	204	188	171

***1** Verursacher der Luftverschmutzung und ihre Emissionen (in Mio. t bzw. in Prozent)*

V1 Staubbelastung der Stadtluft

Material: Binokular oder Mikroskop, Folie, Objektträger, durchsichtiges Klebeband

Durchführung:

1. Aussuchen von Objekten und Standorten. Entnimm mehrere Blätter (z. B. 6) etwa in gleicher Höhe (1 bis 2 m) von einem Laubbaum oder einer rankenden Pflanze (z. B. Efeu). Wähle möglichst unterschiedlich belastete Standorte aus, die einen Querschnitt durch die Stadt wiedergeben. Entnimm an jedem Standort möglichst Blätter von der gleichen Pflanzenart. Trage die Standorte in eine Karte ein und halte charakteristische Faktoren in einem Protokoll fest (z. B. verkehrsreiche Straße, Wohngebiet usw.). Zusätzlich kannst du äußere und innere Blätter von einem Baum entnehmen.
2. Behandlung der Probenblätter. Beklebe die Oberseite entnommener Blätter vollständig mit Klebebandstreifen und drücke sie vorsichtig an. Ziehe anschließend die Streifen wieder ab und klebe sie auf ein Stück weißes Papier. Zusätzlich kannst du Klebefilmstreifen eines Blattes auf Objektträger oder auf durchsichtige Folie übertragen. Wiederhole den Vorgang mit der Unterseite der gleichen Blätter. Beschrifte jedes Blatt genau.
3. Untersuchung mit durchsichtigem Klebeband. Untersuche mit einem Binokular die auf das Papier geklebten Klebebandstreifen. Versuche die Partikelchen zu identifizieren und in einem Bereich von 1 cm^2 auszuzählen. Die Klebebandstreifen auf den Objektträgern oder auf der Folie lassen sich in gleicher Weise untersuchen.

Aufgaben: a) Vergleiche die Staubbelastung der Oberseite mit der der Unterseite eines Probenblattes. Erläutere mögliche Unterschiede.

b) Vergleiche die Staubbelastung an den verschiedenen Standorten miteinander. Erläutere auftretende Unterschiede.

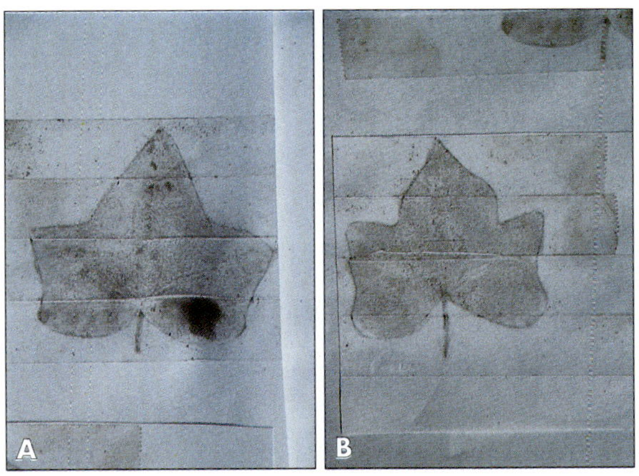

2 Klebebandstreifen eines stark (A) und eines schwach (B) mit Staub belasteten Blattes.

Exkurs

Flechten als Bioindikatoren

Während in naturnahen unbelasteten Ökosystemen Flechten weit verbreitet sind, kommen in urbanen Ökosystemen nur wenige Arten vor. Ursache dafür ist eine besondere Empfindlichkeit der Flechten gegenüber Luftschadstoffen. Bei den Flechten handelt es sich um Doppelorganismen. In ihnen leben Pilze und Grünalgen in Symbiose zusammen. Ihre besondere Empfindlichkeit beruht darauf, dass Luftschadstoffe in sie eindringen, aber von ihnen nicht wieder ausgeschieden werden können. Dadurch reichern sich diese Schadstoffe in ihnen an. Diese können dann die Flechten zum Absterben bringen. Weiß man nun, welche Flechten bei welcher Luftbelastung noch leben können, so kann man umgekehrt aus ihrer Anwesenheit auf die Stärke der Luftverschmutzung schließen. Die Flechten dienen dann als Anzeiger, als so genannte **Bioindikatoren,** einer bestimmten Luftbelastung. Zur Feststellung der Belastung wird der Bedeckungsgrad einer bestimmten Fläche mit verschiedenen Flechtenarten bestimmt.

- Sind nur Bart- und Strauchflechten vorhanden, so ist die Luft sauber.
- Sind Laubflechten zwischen 10 und bis 50 % am Bedeckungsgrad beteiligt, so ist die Luft gering verschmutzt.
- Sind Krustenflechten bestimmend, so ist die Luft belastet.
- Sind neben Krustenflechten über 50 % Grünalgen beteiligt, so ist die Luft stark belastet

1 Strauch- (A), Laub- (B), Krustenflechte (C), Grünalgen (D)

A3 Untersuche die Stämme von Bäumen auf Laubflechten-, Krustenflechten- und Grünalgenbesatz. Werte aus.

Exkurs

Smog über London

1 Smog

In der Aufbauphase nach dem zweiten Weltkrieg war Umweltschutz ein Fremdwort. Erst Umweltkatastrophen, wie die von London im Dezember 1952, leiteten ein Umdenken in Sachen Umweltschutz ein. Bei einer länger anhaltenden Inversionswetterlage war es zu einer extremen Anreicherung von Schadstoffen gekommen. Es handelte sich vor allem um Schwefeldioxid und Rußbestandteile, die aus der Verbrennung von Kohle in Haushalten und Kraftwerken stammten. Bei den Londonern traten u.a. Atemnot, Kopfschmerzen, Übelkeit und Husten auf. Insgesamt starben innerhalb von 14 Tagen ca. 4000 Menschen mehr als dieses sonst der Fall war.

5 Smog und Ozon in unseren Städten

In der Vegangenheit musste in unseren Städten vielfach Smogalarm ausgerufen werden. Smog tritt nur bei bestimmten Wetterlagen auf. Normalerweise steigt verschmutzte, wärmere und damit leichtere Luft über den Städten auf. Sie wird durch saubere, kühlere und damit schwerere, absinkende Luft ersetzt. Durch diesen Vorgang wird belastete durch weniger belastete Luft ausgetauscht. Bei bestimmten Wetterlagen drehen sich die Verhältnisse jedoch um.

Bei einer **Inversionswetterlage** wird kältere, also schwerere, Bodenluft von einer wärmeren, also leichteren, Luftschicht überlagert. Jetzt kann kein Austausch der Luftschichten mehr erfolgen. Die Schadstoffe reichern sich in Bodennähe an. Es entsteht **Smog.** Der Begriff setzt sich aus den englischen Wörtern *smoke* für Rauch und *fog* für Nebel zusammen.

Bei diesem *Wintersmog* sammelt sich vor allem das aus Kraftwerken und Heizungsanlagen stammende Schwefeldioxid in der Bodenluft an. Dagegen spielen beim *Sommersmog* hauptsächlich das Autoabgas Stickstoffdioxid und das bei chemischen Umsetzungen entstehende **Ozon** eine Rolle. Unter dem Einfluss des UV-Anteils des Sonnenlichtes wird an heißen Tagen aus Stickstoffdioxid ein Sauerstoffteilchen abgespalten. Dieses verbindet sich mit Luftsauerstoff zu Ozon. Es besteht aus drei Sauerstoffteilchen. Fällt die UV-Strahlung der Sonne am Abend oder in der Nacht weg, so werden die beschriebenen Vorgänge wieder rückgängig gemacht.

Unter den Abgasen der Städte befindet sich auch das Treibhausgas **Kohlenstoffdioxid.** Es entsteht bei allen Verbrennungsprozessen. Die Wirkung von Kohlenstoffdioxid wird mit der Wirkung der Glasscheiben in einem Treibhaus verglichen. Sie lassen die Sonnenstrahlen weitgehend durch, halten aber die reflektierte Wärmestrahlung zurück. Dadurch kommt es zum so genannten **Treibhauseffekt,** der die Erde langsam aufheizt. Die Folgen sind vielfältig. Die Verschiebung von Klimazonen ist ebenso möglich wie ein Ansteigen des Meeresspiegels und die Überschwemmung von Inselstaaten und Küstenländern.

A1 Erläutere die Entstehung der in Abb. 1 (unten) angegebenen Luftverschmutzungstoffe.

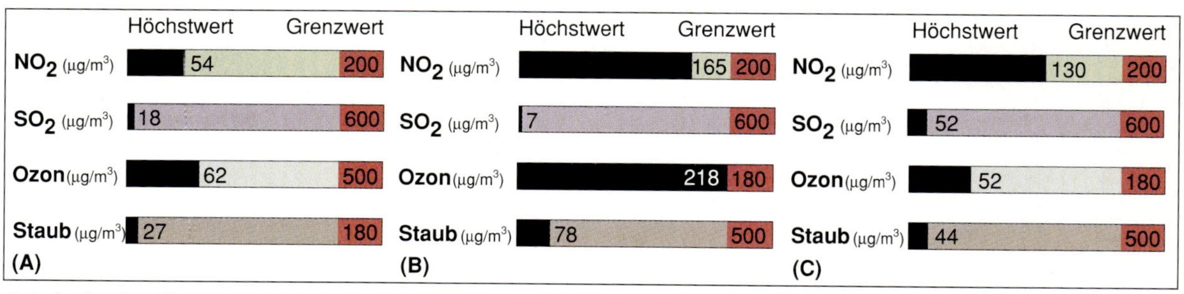

1 Luftschadstoffe am 14.6.2000 (A); am 22.6.2000 (B) und am 16.1.2001 in Berlin (Hauptverkehrsstraße)

Modellversuche zu Smog und Treibhauseffekt

V1 Modellversuch zum Smog

Material: Glasaquarium oder Glasschale (Ø 20 cm, 10 cm hoch), Eiswürfel, 2 hohe Bechergläser (1 l), Kochplatte, Kochsalz, Thermometer, Zigarettenstummel

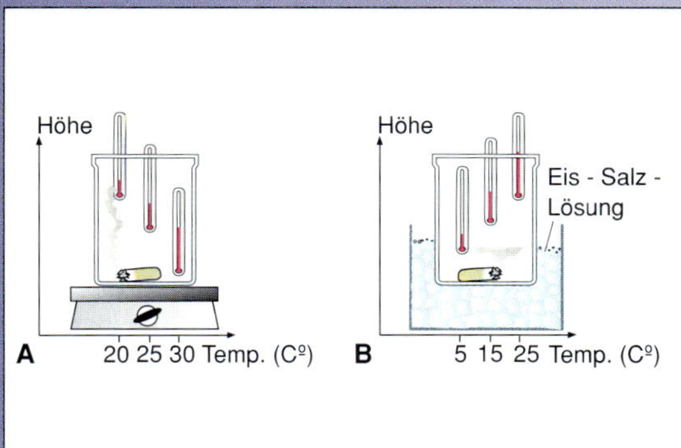

1 Modellversuche zu einer normalen (A) und zu einer Inversionswetterlage (B)

Durchführung: 1. Stelle ein hohes Becherglas auf eine Kochplatte, die leicht erwärmt wird. Miss die Temperatur in den in der Abb. 1 A angegebenen Höhen. Wirf anschließend einen glimmenden Zigarettenstummel auf den Boden des Becherglases. Verfolge über einen Zeitraum von fünf Minuten den Zigarettenrauch im Becherglas.

2. Stelle ein hohes Becherglas in ein Aquarium oder in eine runde Glasschale. Zerkleinere die Eiswürfel und gib dann soviel von dem Eis in das Aquarium bzw. in die Glasschale bis das Becherglas etwa 10 cm hoch von Eis umgeben ist. Schütte anschließend etwas Kochsalz auf die Eisschicht. Miss nach ca. 5 Minuten die Temperatur in den Bereichen, die in der Abb. 1 B angegeben sind. Lasse jetzt einen glimmenden Zigarettenstummel auf den Boden des Becherglases fallen. Beobachte über einen Zeitraum von etwa fünf Minuten den Zigarettenrauch im Becherglas. Fertige je eine Versuchszeichnung an. Trage die „Abgasfahnen" ein. Protokolliere deine Beobachtungen.

Aufgaben: a) Erläutere die gemessenen Temperaturwerte.

b) Erkläre anhand der Modellversuche eine normale und eine Inversionswetterlage.

c) Übertrage die in den Versuchen simulierten Vorgänge auf die Luftbelastung in den Städten bei normaler und bei einer Inversionswetterlage.

V2 Modellversuch zum Treibhauseffekt

Material: 2 Digital- oder Alkoholthermometer (+10 °C bis +100 °C), 2 gleich große Glaszylinder (Ø 6 cm, ca. 25 cm hoch), Kohlenstoffdioxidgas, 2 passende Gummistopfen mit einer Durchbohrung, Lampe (100 W oder mehr), schwarze Pappe

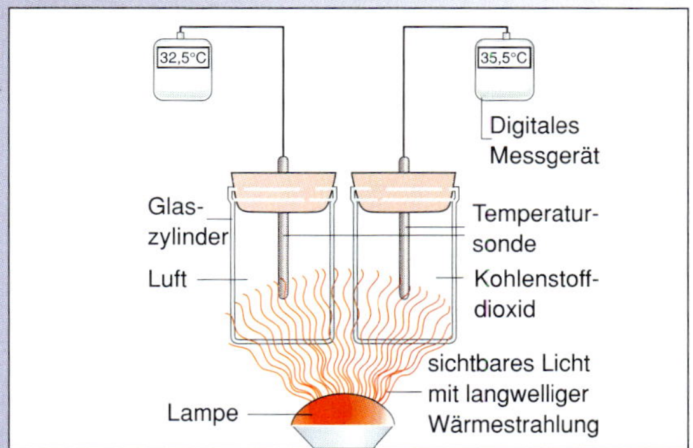

2 Versuchsanordnung zum Nachweis des Treibhauseffektes

Durchführung: 1. Verschließe die Durchbohrung eines Gummistopfens luftdicht mit der Temperatursonde eines Digitalthermometers oder mit einem Alkoholthermometer. Mit dem Stopfen wird anschließend ein mit Luft gefüllter Glaszylinder verschlossen.

2. Versieh den zweiten Gummistopfen in gleicher Weise mit einer Temperatursonde oder einem Thermometer. Fülle einen zweiten Zylinder mit Kohlenstoffdioxid aus einer Gasflasche. Der mit Kohlenstoffdioxid gefüllte Zylinder wird sofort mit dem Gummistopfen luftdicht verschlossen.

3. Stelle die beiden vorbereiteten Zylinder vor eine schwarze Pappe dicht nebeneinander. Setze beide Zylinder dem Licht einer Lampe aus. Die Lampe muss so aufgestellt werden, dass beide Zylinder gleich stark bestrahlt werden.

Aufgaben: a) Fertige eine Versuchszeichnung an und erstelle ein Messprotokoll. Miss als erstes die Ausgangstemperatur in beiden Zylindern. Stelle anschließend die Lampe an. Miss jetzt die Temperatur alle 2 Minuten etwa 15 Minuten lang in beiden Zylindern. Protokolliere die Werte.

b) Erläutere die unterschiedlichen Werte in beiden Glaszylindern.

c) Erkläre mithilfe des Modellversuches den Treibhauseffekt.

6 Auswirkungen der Luftverschmutzung auf den Menschen

Auf die Gefährlichkeit der Luftverschmutzung werden wir immer wieder durch besondere Ereignisse wie Smog- oder Ozonalarm in den Städten aufmerksam gemacht. Von vielen Stoffen kennen wir inzwischen ihre gesundheitsschädigende Wirkung. Zu den besonders gut untersuchten Stoffen gehört das *Schwefeldioxid,* das bei der Verbrennung fossiler Brennstoffe freigesetzt wird. Gelangt es in die Atemwege, so kann es die Flimmerhärchen der Bronchialschleimhaut schädigen. Die natürliche Filterfunktion der Atemwege ist dadurch beeinträchtigt. Als Folge steigt die Anfälligkeit für Infektionen. Auch das bei jeder Verbrennung entstehende Stickstoffdioxid hat ähnliche Auswirkungen auf die Atemwege.
Andere in den Autoabgasen enthaltene Schadstoffe wie Benzpyren erhöhen das **Krebsrisiko.** Das *Kohlenstoffmonooxid* gelangt über die Lunge in die Blutbahn. Dort blockiert es die roten Blutkörperchen, sodass die Sauerstoffversorgung wichtiger Organe gestört wird. Immer größere Bedeutung bekommt das **Ozon,** das sich unter Einfluss des Sonnenlichtes durch chemische Umsetzungen in Bodennähe bildet. Gefährlich wird es für die Gesundheit des Menschen bei Konzentrationen von 100 bis 200 Mikrogramm pro Kubikmeter, die in den Sommermonaten in den Städten immer wieder erreicht werden. Der menschliche Körper reagiert bei niedrigen Konzentrationen mit Augenreizungen und Kopfschmerzen. Bei höheren Konzentrationen kann es zu Atemnot, Übelkeit, Husten und Abgeschlagenheit kommen. Besonders gefährdet sind Kleinkinder und Menschen, die herzkrank sind oder an Erkrankungen der Atemwege wie z. B. an Bronchitis oder Asthma leiden. Nach statistischen Erhebungen in Deutschland, steigt das Sterblichkeitsrisiko bei Sommersmog um ca. 15 %. Allen Risikogruppen wird bei Sommersmog empfohlen, sich nicht körperlich anzustrengen. Schulen sollen keinen Sport im Freien mehr durchführen.
Die Auswirkungen einzelner Schadstoffe auf Mensch und Umwelt sind vielfach gut untersucht. Weniger gut sind unsere Kenntnisse über das Zusammenwirken der verschiedenen Stoffe in unserem Körper. Vor allem fehlen uns Kenntnisse über die langfristigen Auswirkungen von im Körper gespeicherten Schadstoffen.

A1 Erläutere mithilfe der Abb. 1 die Auswirkungen von Schwefeldioxid, Stickstoffdioxid, Kohlenstoffmonooxid und Benzpyren auf den Menschen.

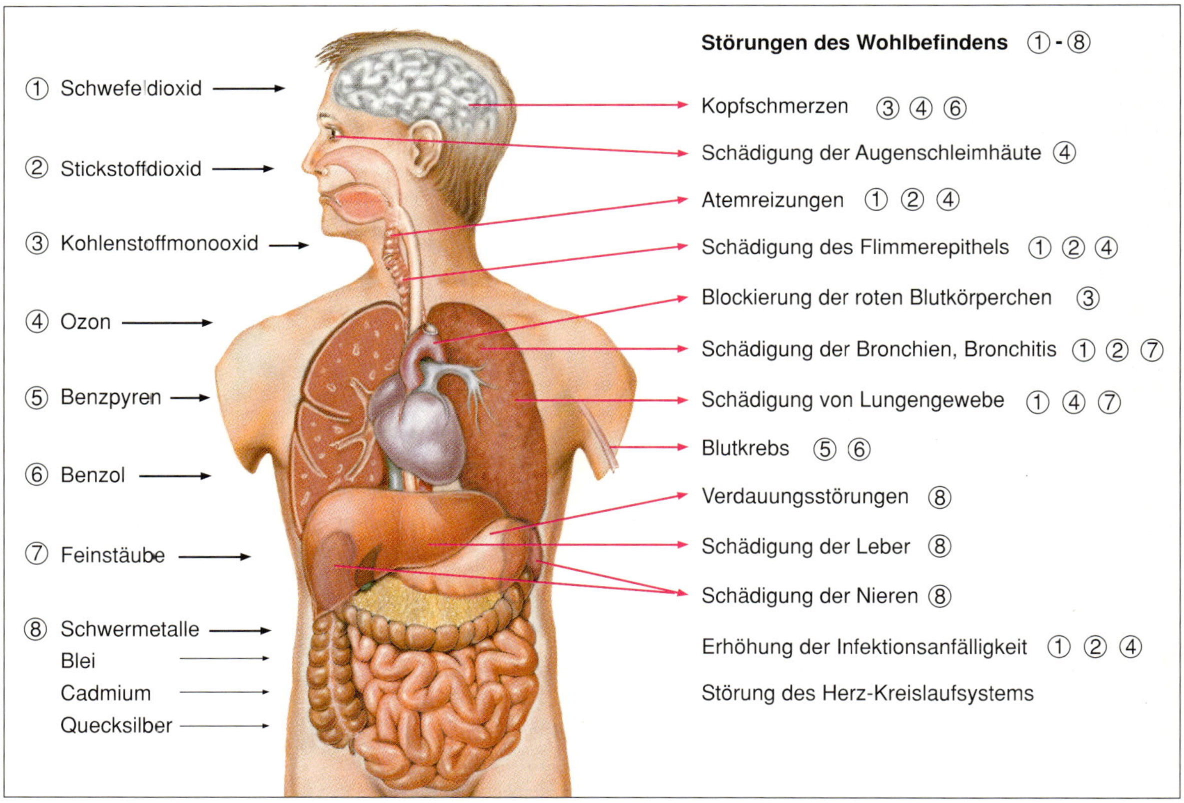

1 Mögliche Gesundheitsrisiken der Luftverschmutzung

Praktikum

Auswirkungen der Luftverschmutzung

V1 Schadsymptome an Kiefernnadeln

Material: Binokular, Glasstab, Klebeband (beidseitig klebend), Objektträger, Tütchen

1 Jahrgänge an einem Kiefernzweig

Durchführung:
1. Entnahme der Nadelproben. Suche Kiefern an Straßen- , Parkrändern und aus dem Parkinneren von Innenstädten aus. Entnimm von jedem vorhandenen Jahrgang jeweils fünf etwa gleich lange Nadelpaare mit gleicher Ausrichtung (z. B. zur Straße, Wetterseite usw.). Gib die Nadeln in Tütchen und beschrifte sie.
2. Untersuchung der Nadeln. Lege vier Objektträger nebeneinander. Überziehe sie mit einem beidseitig klebenden Band. Lege anschließend die fünf Nadelpaare eines jeden Jahrgangs mit der nach außen gewölbten Seite auf die Klebefläche. Streiche mit einem Glasstab die Nadeln vorsichtig glatt. Zähle dann unter einem Binokular die Schadereignisse wie Insektenfraßspuren, Pilzbefall, gelbliche oder bräunliche Verfärbungen.

Aufgaben: a) Erstelle ein Protokoll für jedes der fünf Nadelpaare jeden Probenbaumes nach folgendem Muster.

Datum: 6.7. 2000
Ort: Köln
Probenbaum: alte Kiefer, verkehrsreiche Straße.

Jahrgang	1					2					3				
Gesamtschadensereignisse der einzelnen Nadeln	2	4	5	7	5	4	7	6	8	9	7	10	12	13	12
	3	4	6	5	4	5	6	8	7	9	8	11	14	10	9
Durchschnittswerte für jeweils 10 Nadeln															

b) Errechne den Durchschnittswert der Schadereignisse für alle zehn Nadeln eines Jahrgangs.
c) Erstelle ein Säulendiagramm für jeden Probenbaum. Vergleiche und erläutere die Unterschiede.
d) Errechne im Beispielprotokoll die Durchschnittswerte. Erstelle Säulendiagramme und erläutere.

V2 Einwirkung von Autoabgasen auf Kressesamen

Material: Gummibänder, Kressesamen, Millimeterpapier, Petrischalen, Pinzette, durchsichtige Plastiktüten (5–10 Liter), Watte

Durchführung: Lege vier Petrischalen mit einer Watteschicht aus und durchtränke sie gut mit Leitungswasser. Gib auf die Watte jeder Petrischale 30 Kressesamen. Stelle immer eine Petrischale in eine Plastiktüte. Fülle drei der Tüten mit Autoabgasen von einem Auto mit Katalysator, einem ohne Katalysator und von einem Dieselmotor. Die vierte Tüte wird mit Luft gefüllt und dient als Kontrolle. Verschließe alle Tüten und bewahre sie ca. 7 Tage an einem hellen Ort auf.

Aufgabe: Bestimme nach 7 Tagen die gekeimten Samen in den Petrischalen. Werte aus.

V3 Kressetest

Material: Einmachgläser (1 Liter oder größer), Gartendraht, Kressesamen, Millimeterpapier

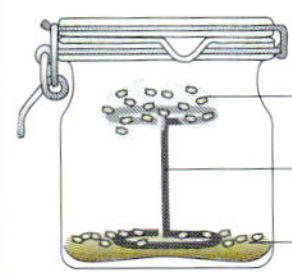

2 Versuchsanordnung zum Kressetest

Durchführung: Fülle Erde von Straßenrändern, Verkehrsinseln oder Mittelstreifen vielbefahrener Straßen etwa 2 cm hoch in gleich große Gläser. Befeuchte die Erde mit Leitungswasser. Biege Drahtgestelle aus Gartendraht (s. Abb. 2) zurecht. Gib auf den Boden jedes Glases 20 Kressesamen. Stelle das Drahtgestell auf den Boden und lege einen gut durchnässten Wattebausch auf das Drahtgestell. Verteile 20 Kressesamen auf dem Wattebausch. Setze einen entsprechenden Kontrollversuch mit Blumenerde an. Bewahre die verschlossenen Gläser an einem hellen Standort ca. 7 Tage auf.

Aufgaben: a) Bestimme die Anzahl der gekeimten Kressesamen auf dem Boden und auf dem Wattebausch.
b) Erläutere, was mit den Kressesamen auf dem Boden und auf dem Wattebausch untersucht werden soll.

1 Lärmquellen

7 Lärm in der Stadt

Was ist eigentlich Lärm? Diese Frage wird individuell sehr unterschiedlich beantwortet. So wird z. B. ein begeisterter Motorsportler den „Sound" seines Motors als Musik empfinden. Ein anderer wird dagegen den „Sound" als Höllenlärm einstufen. Das was unser Ohr erreicht, sind Töne und Geräusche. Werden diese von uns als lästig empfunden sprechen wir von **Lärm.**
Töne und Geräusche bestehen aus Schallwellen, die von unseren Ohrmuscheln aufgefangen und zum Trommelfell weitergeleitet werden. Dort versetzen sie es in Schwingungen. Diese wiederum werden von den Gehörknöchelchen über das ovale Fenster in die Schnecke des Innenohres übertragen. Dort befinden sich ca. 15 500 mit kleinen feinen Härchen ausgestattete Haarsinneszellen. Werden sie durch eindringende Schallwellen bewegt, entstehen elektrische Signale, die zum Hörzentrum im Gehirn weitergeleitet werden.

Um eine objektivere Beurteilung von Lärm zu erreichen, hat man den **Lärmpegel** eingeführt. Als Maßeinheit benutzt man die Einheit *Dezibel,* abgekürzt dB. Da das menschliche Gehör nicht alle Bereiche des Schalls gleich empfindet, müssen Messgeräte entsprechend korrigiert werden. Man baut einen so genannten A-Filter ein, der das Messgerät dem menschlichen Hörempfinden anpasst. Dem Kürzel für die Einheit Dezibel setzt man daher den Buchstaben A hinzu, also dB(A). Die verwendeten Messgeräte werden als Lärmpegel- oder Schallpegelmessgeräte bezeichnet. Nimmt der Lärmpegel um 10 dB(A) zu, so wird das vom Menschen als eine Verdoppelung der Lautstärke empfunden.

Etwa zwei Drittel aller Menschen in der Bundesrepublik fühlen sich durch Verkehrslärm in ihrer Wohn- und Lebensqualität eingeschränkt. Neben Verkehrslärm wird vor allem Flug- und Baustellenlärm und Lärm von Freizeit- und Sportveranstaltungen als störend empfunden. Hinzu kommt hausgemachter Lärm, der von geräuschvollen Stereoanlagen, Fernsehgeräten, Haushalts- und Gartengeräten ausgeht.
Um die Lärmbelästigungen zu vermindern, wurden im **Bundesimmissionsschutzgesetz** *Grenzwerte* festgelegt. So gelten z. B. für ein Wohngebiet tagsüber ein Grenzwert von 50 dB(A) und nachts von 35 dB(A). Auch in der Straßenverkehrszulassungsverordnung finden sich solche Grenzwerte. So dürfen die Geräuschpegel von Lastkraftwagen (bis 3,5 t) den Grenzwert von 85 dB(A) nicht überschreiten. Bei Personenkraftwagen sind 80 dB (A) und bei Mopeds 72 dB (A) vorgeschrieben. Gemessen wird jeweils in einem Abstand von 7,5 m von der Fahrzeugmitte bei zügiger Vorbeifahrt.

Um die Grenzwerte möglichst nicht zu überschreiten, gibt es zwei Ansätze. Einmal setzt man an den Lärm-

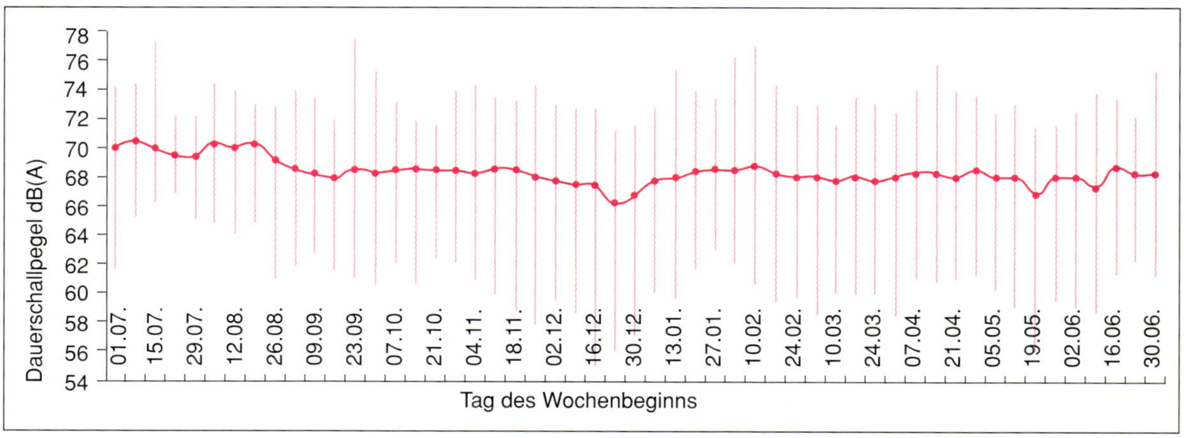

2 *Lärm in der Stadt* —·—·— Wöchentliche Mittelwerte des Lärmpegels an einem verkehrsreichen Platz;
——— Schwankungsbreite des Lärmpegels während einer Woche.

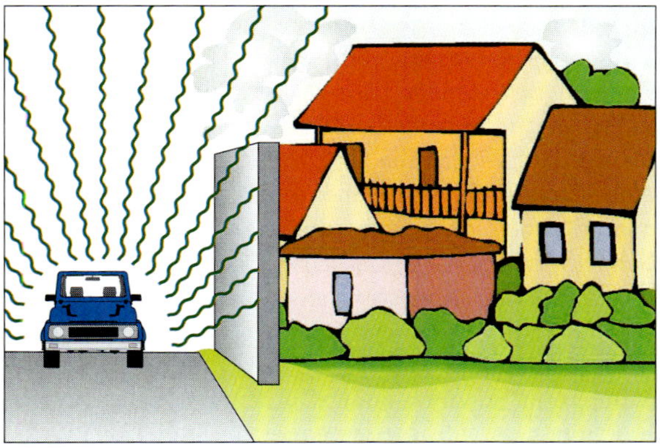

3 Wirkung von Lärmschutzwänden

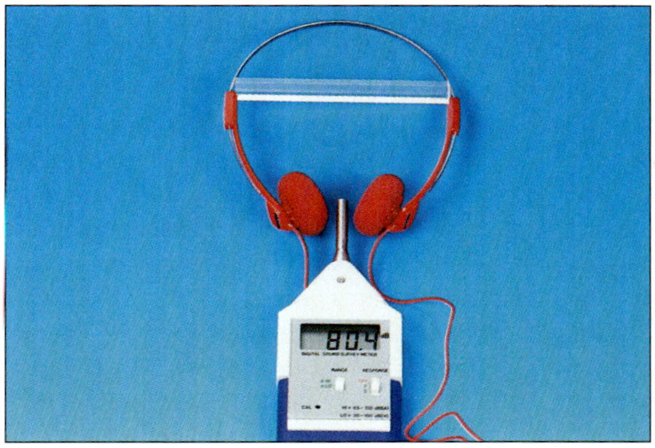

4 Lärmpegelmessgerät

quellen direkt an. So wurden z. B. der Lärmpegel von Dieselmotoren durch Abkapselung drastisch gesenkt und geräuschärmere Motoren entwickelt.

Ein anderer Ansatzpunkt liegt darin, den Lärm vom Menschen fernzuhalten. Zu solchen Maßnahmen gehören die Verwendung von Schallschutzfenstern, die Errichtung von Lärmschutzwänden, der Bau von Umgehungsstraßen oder die Absenkung bzw. Höherlegung von Straßen.

A1 Erläutere die Abb. 2. Ziehe die im Text genannten Grenzwerte zum Vergleich heran.

A2 Welche Maßnahmen zur Minderung des Lärmpegels gibt es in deiner Umgebung (Schule, Haus, Wohnung)?

A3 Erstelle eine Liste mit verschiedenen Lärmquellen wie z. B. Verkehrs-, Flug-, Baulärm, Discomusik, Kindergeschrei usw. Lasse den Grad der Störung durch die aufgeführten Lärmquellen von jedem deiner Mitschüler und Lehrer nach einer Skala einschätzen. Die Skala sollte die Werte 0 (keine Störung) bis 10 (unerträgliche Störung) mit den entsprechenden festgelegten Zwischenstufen enthalten. Vergleiche und diskutiere die Ergebnisse.

V1 Untersuchung von Lärmquellen mit einem Lärmpegelmesser

Material: Schallpegelmessgeräte
Durchführung: 1. Untersuchung verschiedener Lärmquellen in der Schule. Miss den Lärmpegel in der Klasse unmittelbar vor, während und unmittelbar nach dem Unterricht. Überprüfe zusätzlich den Lärmpegel, der bei geöffneten Fenstern von draußen in den Klassenraum eindringt oder den Lärmpegel auf dem Schulhof vor und während der Pause.
2. Untersuchung von hausgemachten Lärmquellen. Miss den Lärmpegel am Kopfhörer eines Walkmans mit Musik in der Lautstärke in der du sie normaler Weise hörst. Führe Lärmpegelmessungen in deinem Zimmer durch, wenn du Musik hörst. Überprüfe zusätzlich Lärmquellen im Haushalt wie z. B. Staubsauger, Kaffeemaschine, Fernseher oder Rasenmäher.
3. Untersuchung von Kraftfahrzeugen. Miss den Lärmpegel eines stehenden Kraftfahrzeuges mit laufendem Motor. Wiederhole die Messung, wenn das Fahrzeug mit etwa 50 km/h vorbeifährt. Bei der Messung sollte ein Abstand von etwa 7,5 m eingehalten werden. Wiederhole die Messungen an einem Moped. Miss den Lärmpegel zusätzlich innerhalb eines fahrenden Autos bei verschiedenen Geschwindigkeiten.
4. Lärmpegelmessungen in der Innenstadt: Überprüfe den Lärmpegel in einer verkehrsreichen Straße. Wähle als Standort für deine Messungen z. B. eine Fußgängerbrücke oder ein Fenster aus, von dem der Lärm gleichmäßiger gemessen werden kann. Miss etwa eine halbe Stunde lang alle 2 Minuten den Lärmpegel und protokolliere die Werte. Wiederhole die Messungen am gleichen Standort zu verschiedenen Tageszeiten, z. B. vor, während und nach der Hauptverkehrszeit. Untersuche im gleicher Weise verkehrsberuhigte Gebiete, Fußgängerzonen usw.
Aufgaben: a) Stelle deine Messungen grafisch dar. Orientiere dich an Abb. 2.
b) Bilde Mittelwerte. Vergleiche und diskutiere auftretende Unterschiede.

V2 Lärmschutzmaßnahmen

Material: Lärmpegelmesser, Styroporplatte, Wecker
Durchführung: Miss den Lärmpegel eines klingelnden Weckers. Stelle aus Styroporplatten unterschiedlicher Stärke Würfel her in die der Wecker hinein passt. Stelle den klingelnden Wecker jeweils in einen Würfel und miss den jeweiligen Lärmpegel.
Aufgabe: Stelle die Werte in einer Tabelle zusammen. Vergleiche und werte aus.

8 Lärm macht krank

Vielleicht hast du es auch schon einmal an dir selbst bemerkt. Man kommt aus einer Disco oder einem Popkonzert und hat das Empfinden schwer zu hören. Man bezeichnet diese Erscheinung als **Vertäubung**. Hierbei werden zum Teil die Haarsinneszellen in der Schnecke des Innenohres außer Funktion gesetzt. Nach einer Erholungszeit kommt das normale Hörvermögen meist zurück. Vertäubung ist also als Warnsignal für eine Überbelastung des Gehörs zu verstehen.

Achtet man nicht auf solche Warnsignale und setzt das Gehör immer wieder solchen Überlastungen aus, so können die Härchen der Haarsinneszellen abbrechen. Je nachdem wie viele Härchen betroffen sind, kommt es zur Ausbildung einer bleibenden **Schwerhörigkeit,** die schließlich zur **Taubheit** führen kann. Auch an einem mit Lärm belasteten Arbeitsplatz können die beschriebenen Vorgänge ablaufen. Lärmschwerhörigkeit steht seit einigen Jahren in der Bundesrepublik an der Spitze der Berufskrankheiten.

Neben Schwerhörigkeit kann ständiger Lärm Schlafstörungen, Nervosität und Aggressivität hervorrufen. Plötzlich auftretender Lärm, wie eine Explosion oder aufheulende Düsentriebwerke wird vom Körper als Warnsignal verstanden. Er produziert, ähnlich wie in einer Stressreaktion Hormone, die den Körper alarmieren und aktivieren. Neben einer möglichen Schockwirkung können sich Herzschlag und Atemfrequenz erhöhen, ebenso Puls und Blutdruck. Zusätzlich werden Energiereserven mobilisiert. Viele meinen, sie könnten sich an Lärm gewöhnen, sodass er ihnen nichts mehr anhaben kann. Dies ist ein Irrtum, da die beschriebenen krankmachenden körperlichen Veränderungen trotz der vermeintlichen Gewöhnung ablaufen. Jeder vierte Bundesbürger zwischen 14 und 24 Jahren ist hörgeschädigt. Die Tendenz ist steigend.

A1 Entscheide anhand der Abbildung 1, welchen schädigenden Lärmquellen du täglich ausgesetzt bist. Diskutiere mögliche gesundheitliche Risiken.

A2 Überlege durch welche Maßnahmen du die Lärmbelastungen vermindern kannst.

Lärmquellen		Lärmpegelwert dB(A)	Lärmstufen dB(A)	Lärmwirkung
	Schmerzgrenze	140	IV über 120	**Schmerzgrenze:** Gehörschädigungen bis zur Taubheit
	Düsenflugzeug beim Start in 33 m Entfernung Kanonenschlag in 1 m Entfernung	130		
	Düsenflugzeug	120	III 90 - 120	**Schädigung der Gesundheit:** Steigerung der psychischen und vegetativen Reaktionen, Gleichgewichtsstörungen, Erbrechen, Gehörschädigungen
	Rockband Disco-Besuch	110		
	Presslufthammer	100		
	Kreissäge und Moped	90	II 60 - 90	**Gefährdung der Gesundheit:** psychische Reizerscheinungen, Leistungsminderungen, Regulationsstörungen der Kreislauf-, Verdauungsorgane, der Hormondrüsen, des Stoffwechsels
	verkehrsreiche Straße	80		
	normaler Verkehrslärm Rasenmäher	70		
	laute Unterhaltung	60		
	normale Umgangssprache	50	I 30 - 60	**Belästigung:** psychische Reaktionen (Störung, Ärger), keine physiologischen Wirkungen
	leise Umgangssprache	40		
	leises Radio			
	Ticken eines Weckers	30	0 - 30	**keine Belästigung**
	normales Atmen	10		
	Hörbarkeitsschwelle	0		

1 Lärmquellen und mögliche Auswirkungen des Lärms

1 Fassadenbegrünung

9 Was könnte in Stadtökosystemen verändert werden?

In vielen Städten hat die Wohn- und Lebensqualität infolge von Lärm- bzw. Abgasbelastungen und fehlenden Grün- und Erholungsflächen abgenommen. Stadtplaner müssen mehr und mehr umdenken, um die Lebensqualität in den Städten wieder zu erhöhen. Man spricht von einer **ökologischen Stadtplanung,** die dieses leisten soll. Die erste kurz- oder mittelfristig realisierbare Möglichkeit besteht darin, bestehende Strukturen ökologisch zu verbessern. Die zweite Möglichkeit ist langfristig angelegt und besteht in einer allmählichen ökologischen Umgestaltung der Städte. Bei beiden Möglichkeiten geht es darum, die Natur, die der Mensch mehr und mehr aus den Städten verdrängt hat, zurückzuholen.
Bei der Umgestaltung vorhandener Strukturen gibt es zahlreiche Möglichkeiten. So ist es ökologisch sinnvoll, durch Beton oder Asphalt versiegelte Bereiche einer Stadt umzugestalten. Dazu gehört z. B. sie durch durchlässige Belege mit sich begrünenden Fugen zu ersetzen. Saumränder an Fassaden, Mauern oder Straßen könnten unbefestigt bleiben. Auf solchen unversiegelten Flächen siedeln sich schnell Ruderalpflanzen an, die nicht als Unkraut, sondern als ökologische Bereicherung anzusehen sind. Nur bei Verzicht auf Mahd, Umgraben und Herbizideinsatz können diese Pflanzen überleben.
In der Stadt sollten nicht einheimische Pflanzen durch einheimische ersetzt werden. Nur so kann man einer Verarmung der Tierwelt entgegenwirken. Während rund 300 Insekten- und 25 Vogelarten auf einer einheimischen Stieleiche leben können, sind es auf der eingebürgerten Rosskastanie nur vier Insekten- und zwei Vogelarten. Fassaden- und Dachbegrünungen könnten weitere ökologische Maßnahmen sein, um Kleinstbiotope für viele Lebewesen zu schaffen.

Exkurs

Was man selbst tun kann – Fassadenbegrünung

Ein grüner „Platz" am Haus sieht nicht nur gut aus, er schützt auch vor Wind und Wetter. Die Haftwurzeln vieler selbstkletternder Pflanzen saugen Feuchtigkeit von der Wand ab. Zerstörungen am Putz oder Mauerwerk sind bei den meisten Pflanzen nicht zu befürchten. Zahlreiche Insekten- und Spinnenarten finden in den Pflanzen einen Lebensraum und viele Vogelarten nisten dort.
Am einfachsten ist es, selbstkletternde Pflanzen wie Wilden Wein oder Kletterhortensien zu verwenden. Die Pflanzen müssen außerhalb des Dachüberstandes gesetzt werden, damit sie der Regen erreicht. Etwas Reisig zwischen Wand und Pflanzstelle erleichtert den jungen Pflanzen den Kontakt zur Wand. Diese Pflanzen benötigen nur wenig Pflege, gelegentlich müssen sie zurückgeschnitten werden. Pflanzen wie Kletterrosen oder Weißgeißblatt benötigen eine Rankhilfe, die vorher an der Wand angebracht werden muss. Für die Begrünung ganzer Fassaden sind sie daher – auch aus Kostengründen – wenig geeignet. Wer sich für den schnellwachsenden Knöterich entscheidet, muss bereit sein, die Pflanze oft und kräftig zu beschneiden, da sie sonst ganze Dächer überwuchert.

V1 Bestandsaufnahme von Fassadenbegrünungen in der Innenstadt

Material: Stadtplan (Maßstab 1:10 000), Zeichenbrett
Durchführung: Kopiere einen Ausschnitt aus einem Stadtplan des Gebietes der Innenstadt, das untersucht werden soll. Übertrage ein geeignetes Raster (z. B. 100 m x 100 m) auf den kopierten Plan. Das Raster kann auch auf eine Folie aufgetragen werden. Begehe den ausgesuchten Stadtteil und zähle in jedem Planquadrat die Anzahl der begrünten Fassaden.
Aufgaben: a) Trage die Werte in jedes Planquadrat ein.
b) Kennzeichne die verschiedenen Planquadrate, je nach der Anzahl der vorhandenen begrünten Fassaden, nach folgendendem Schema farbig.

keine   1–2   3–4   5–6   7–8   9 begrünte Fassaden

1 Umweltfreundlich gestaltete Stadt

10 Ökologische Stadtplanung

Die langfristig angelegte ökologische Umgestaltung der Städte bedarf größerer Anstrengungen und größerer finanzieller Mittel.

In den meisten Fällen werden die Maßnahmen an der Einschränkung des Verkehrs ansetzen. Es beginnt mit der Schaffung verkehrsberuhigter Bereiche, die für den Durchgangsverkehr gesperrt werden. Hinzu kommen Geschwindigkeitsbegrenzungen durch Einrichtung von Tempo-30-Zonen.

Der nächste Schritt ist die Wiederanlage von grünen Mittel- und Randstreifen mit Sträuchern und Bäumen. Bei Neuanpflanzungen sollten einheimische Pflanzen gegenüber nicht heimischen Pflanzen bevorzugt werden. Durch diese Maßnahmen wird es zu einer Verengung der Straßen und zu einer Vernichtung von Parkplätzen kommen. Die Nutzung der Straßen erfolgt dann in erster Linie durch den öffentlichen Nahverkehr. Es sollten umweltfreundliche Busse eingesetzt werden, die z. B. mit Brennstoffzellen betrieben werden könnten. Auch innerstädtische Parks müssten vielfach umgestaltet werden. Neben einer entsprechenden Bepflanzung könnten Gewässer angelegt oder vorhandene naturnah umgestaltet werden. Langfristig sollte eine Vernetzung der unterschiedlichen Biotope in der Stadt angestrebt werden. Ein Netz von Rasen- bzw. Wiesenflächen, Baumalleen, Grünstreifen und Parkanlagen würde dann die Innenstädte überziehen.

A1 Erläutere mithilfe der Abbildungen 1 und 2, was man unter einer umweltfreundlich und einer lebensfeindlich gestalteten Stadt verstehen könnte. Diskutiere Pro und Contra.

2 Lebensfeindlich gestaltete Stadt

11 Gesetze verbessern die Luftqualität

Während die ökologische Gestaltung unserer Städte noch in den Anfängen steckt, haben gesetzliche Maßnahmen schon zu messbaren Ergebnissen geführt. Die Gesetze zielen darauf ab, die Emissionen aus den verschiedensten Quellen und damit auch die Immissionen zu vermindern.

Im **Bundesimmissionsschutzgesetz** von 1974 wurden zum ersten Mal Grenzwerte für 10 verschiedene Immissionen festgelegt. Inzwischen ist diese Liste auf über 200 Grenzwerte angewachsen. Die Liste enthält Immissionsgrenzwerte für den Jahresmittelwert und den Halbstundenwert verschiedener Luftverunreinigungsstoffe.

Zahlreiche Verordnungen haben das Bundesimmissionsschutzgesetz inzwischen ergänzt. Zu ihnen gehört z. B. die Großfeuerungsanlagenverordnung von 1983. In ihr wurden die Staub-, Schwefeldioxid- und Stickstoffdioxidemissionen von Kohle- und Heizölkraftwerken begrenzt. Durch den Einbau von Staubfilter-, Rauchgasentschwefelungs- und Rauchgasentstickungsanlagen wurde der Ausstoß der Emissionen drastisch vermindert. Zusätzlich wurde die Industrie verpflichtet ihre Anlagen, soweit technisch machbar, mit umweltfreundlicher Technik auszustatten. Zu den Auflagen gehörte auch die Umstellung von Produktionsverfahren auf umweltschonende Verfahren. Die Einführung von Recyclingverfahren ermöglicht die Rückgewinnung von in der Produktion anfallenden umweltbelastenden Stoffen. Sie werden wiederverwendet, wodurch sich die Emissionen verringern lassen. Die Abgaswerte der privaten Heizungsanlagen wurden durch die Einführung neuer Brennwerttechnik gesenkt. Auch der Schwefelgehalt im Heizöl wurde herabgesetzt. Ebenso müssen inzwischen alle neu zugelassenen Kraftfahrzeuge, deren Motoren mit Benzin angetrieben werden, mit einem Autokatalysator ausgestattet sein. Ein Katalysator besteht aus mit Platin oder Rhodium beschichteten Keramikwaben, die von einem Edelstahlgehäuse eingeschlossen sind. Passieren die Abgase den Katalysator, so werden die giftigen Bestandteile wie Kohlenwasserstoffe, Kohlenstoffmonooxid und Stickoxide zu 90 Prozent umgewandelt. Sie reagieren im wesentlichen zu Wasser, Stickstoff und Kohlenstoffdioxid. Inzwischen sind auch Katalysatoren für Dieselfahrzeuge auf dem Markt, die u. a. die Rußbestandteile aus den Abgasen entfernen. Eine gesetzliche Verpflichtung zum Einbau solcher Katalysatoren gibt es bis heute nicht.

Alle Maßnahmen zusammengenommen, haben die Luftqualität in unseren Städten deutlich verbessert.

A1 Erläutere die Bedeutung von Autoabgasen für die Luftverschmutzung in den Städten und für die menschliche Gesundheit.

A2 Diskutiere die Frage, warum die Einführung von Umweltschutzmaßnahmen oft auf Widerstand verschiedener gesellschaftlicher Gruppen stößt.

A3 Nach dem Klimaschutzabkommen von Kyoto (Japan) hat sich die Bundesrepublik verpflichtet die Kohlenstoffdioxidemissionen bis zum Jahre 2005 in Deutschland um 25 % unter das Niveau von 1990 abzusenken. Erläutere die Notwendigkeit der weltweiten Herabsetzung der Kohlenstoffdioxidemissionen.

A4 Diskutiere Maßnahmen durch die das Ziel von Kyoto auch erreicht werden kann.

A5 Diskutiere Möglichkeiten durch die jeder Einzelne dazu beitragen kann, dass der Kohlenstoffdioxidausstoß in Deutschland herabgesetzt werden kann.

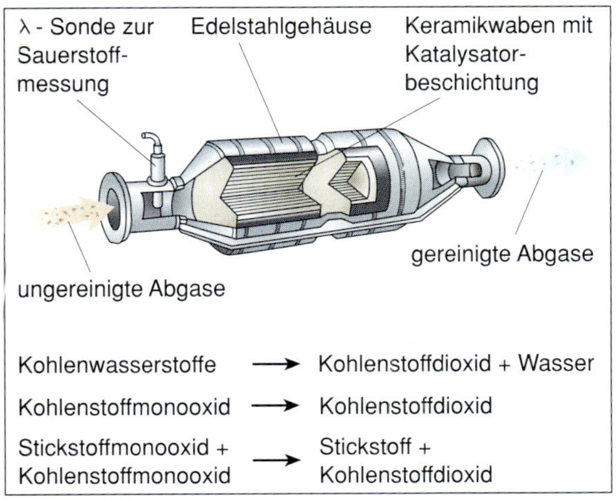

1 Aufbau und Wirkungsweise eines Autokatalysators

2 Kraftwerk mit Rauchgasentschwefelungsanlage

Projekt

Energieverbrauch und Energiesparen in der Schule

Hast du dir schon einmal darüber Gedanken gemacht, welche Kosten eine Schule verursacht? Angefangen von den Personal-, Lehr- und Lernmittelkosten bis hin zu Baumaßnahmen, Pflege der Grünanlagen, Wasser- und Energieverbrauch sowie Müll- und Wasserentsorgung. Die Baukosten der Schule sind dabei gar nicht berücksichtigt.
Wir nehmen einmal den Teilbereich **Energie** heraus und untersuchen ihn in einem Projekt genauer. Zunächst gliedern wir unser Projekt in eine Planungs-, Durchführungs-, Auswertungs-, Dokumentations- und Handlungsphase.

Planungsphase. Folgende Fragen könnten diskutiert und geklärt werden: Welche Energiemengen werden in Form von Heizöl (Litermengen), Erdgas (Kubikmeter bzw. Kilowattstunden) sowie Strom (Kilowattstunden) von der Schule verbraucht? Was kosten sie? Wozu werden diese Energiemengen verwendet? Welche Messungen können durchgeführt werden? Welche Messgeräte werden dafür benötigt? Wo geht Energie „verloren" und wodurch kann Energie eingespart werden?

Durchführungsphase: Die Temperatur in den Räumen sollte mit einem Minimum-Maximum-Thermometer oder durch kontinuierliche Messungen mit einem Thermografen oder elektrischem Thermometer ermittelt werden.
Die Messungen werden in der Mitte eines Raumes in Tischhöhe durchgeführt. Messungen sollten in Klassen-, Fachräumen, Fluren, Toiletten usw. erfolgen.
Die Beleuchtungsstärke wird mit einem Luxmeter festgestellt. In Räumen wird mit einem Luxmeter in Tischhöhe und in Fluren in 20 cm Höhe gemessen. Messungen in den Klassenräumen werden am Fenster, an der Wand und an der Tafel durchgeführt. Anzahl der Beleuchtungskörper und ihre Leistungen werden protokolliert.
Um „Stromfresser" festzustellen, müssen zunächst alle Strom verbrauchenden Geräte wie z. B. Fernseher, Videorecorder, Kühlschränke, Warmwasserboiler, Aquarienheizungen, Computer erfasst werden. Zusätzlich werden Geräte mit Standbyschaltungen festgehalten.
Der Stromverbrauch dieser Geräte wird mit einem Leistungsmessgerät überprüft. Mit diesem Gerät lassen sich der Stromverbrauch von eingeschalteten oder Geräten im Standby-Zustand messen.

Auswertungsphase: Zuerst sollten die gemessenen Werte dargestellt werden. Die in der Schule gewonnenen Ergebnisse werden mit den amtlich vorgegebenen Richtwerten für Temperatur und Helligkeit verglichen. Diese können beim Hausmeister oder im Hochbauamt erfragt werden.
Es schließt sich jetzt eine Diskussion über mögliche Energiesparmaßnahmen an. Diese Diskussion könnte von folgenden Fragestellungen ausgehen. Wird die Hauptheizungsanlage optimal geregelt (Temperaturfühler innen und außen, Nachtabsenkung usw.)? Sind vorhandene Thermostatventile richtig eingestellt? Sind die Fenster und Türen ausreichend dicht? Besitzen die Fenster eine angemessene Verglasung (Doppelfenster, Isolierglas)? Wird richtig gelüftet? Werden Türen und Fenster nach dem Unterricht geschlossen? Besitzen die Beleuchtungskörper Reflektoren?
Können Beleuchtungskörper gezielter ein- bzw. ausgeschaltet werden? Können Sparlampen eingesetzt werden? Können Standby-Geräte vollständig ausgeschaltet werden?

Dokumentationsphase: Die Ergebnisse können in Form einer Wandzeitung oder eines Gutachtens erfolgen. Neben der Beschreibung des Istzustandes, sollten Vorschläge zur Verminderung des Energieverbrauches gemacht werden. Den Schwerpunkt sollte man auf Maßnahmen legen, die kostenneutral durchgeführt werden können. Auch die Abschätzung des Einsparpotentials oder tatsächliche Einsparungen aufgrund von durchgeführten Maßnahmen können dokumentiert werden. Die Bedeutung von Energiesparmaßnahmen für die Umwelt sollten betrachtet werden. Hierzu könnten entsprechende Berechnungen durchgeführt werden. Bei der Erzeugung von einer Kilowattstunde elektrischer Energie entstehen durchschnittlich 0,62 kg Kohlenstoffdioxid, 48 g Schwefeldioxid, 0,5 g Stickoxide und 0,05 g Schwermetalle.
Handlungsphase: Ihr solltet euer Projekt anderen Klassen vorstellen. Ferner könntet ihr eine Handlungsanweisung für eine sachgerechte Lüftung und Beleuchtung der Klassenräume verfassen. Ebenso könntet ihr euch an einem Energiesparprogramm der Stadt beteiligen. In einem solchen Programm wird ein Teil der eingesparten Kosten der Schule zur freien Verfügung zurückerstattet.

Bioindikatoren: Lebewesen, die durch ihre An- oder Abwesenheit auf Umweltbelastungen hinweisen

Bundesimmissionsschutzgesetz: Gesetzeswerk, das u.a. Grenzwerte für Luftverunreinigungsstoffe festlegt

Dezibel: Maßeinheit für den Lärmpegel

Emission: von einer Anlage ausgehende Luftverunreinigungen, Geräusche, Strahlen und ähnlichen Ereignisse

Entsorgung: Verfahren und Maßnahmen zur Beseitigung von Abfällen

Herbizide: Chemische Mittel zur Vernichtung von Wild- bzw. Unkräutern

Immission: auf Pflanzen, Tiere, Menschen und andere Sachen einwirkende Luftverunreinigungen, Geräusche, Strahlen oder ähnliche Ereignisse

Inversion: Wetterlage bei der eine wärmere (leichtere) Luftschicht über einer kälteren (schwereren) liegt und damit die Austauschvorgänge zwischen bodennahen und höheren Luftschichten blockiert

Korrosion: chemische Veränderungen an Werkstoffoberflächen (z. B. Rostbildung)

Kohlenstoffdioxid (CO_2): aus einem Kohlenstoff- und zwei Sauerstoffteilchen bestehendes Gas, das bei Energie freisetzenden Vorgängen wie vollständigen Verbrennungen oder Atmung entsteht

Kohlenstoffmonooxid (CO): aus einem Kohlenstoff- und einem Sauerstoffteilchen bestehendes Gas, das bei unvollständigen Verbrennungen entsteht

Lärm: als lästig empfundene Geräusche

Ozon (O_3): ein aus drei Sauerstoffteilchen bestehender Stoff, der am Boden und in der Stratosphäre gebildet werden kann

Recycling: Rückgewinnung von Rohstoffen aus Abfällen

Renaturierung: Rückführung eines stark veränderten Lebensraumes in einen naturnahen Zustand

Ruderalpflanzen: Pflanzen, die sich auf Schutt- und Brachflächen ansiedeln. Es handelt sich vielfach um Pflanzen die wärme- und stickstoffliebend sind.

Saurer Regen: entsteht bei der Umsetzung von Luftinhaltsstoffen wie Kohlenstoff-, Schwefel-, Stickstoffdioxid mit dem Regenwasser zu Säuren

Schwefeldioxid (SO_2): ein aus einem Schwefel- und zwei Sauerstoffteilchen bestehender giftiger Stoff, der bei der Verbrennung fossiler Brennstoffe entsteht

Smog: ein aus den englischen Bezeichnungen smoke (Rauch) und fog (Dunst) zusammengesetzter Begriff

Sommersmog: Auftreten einer erhöhten Ozonkonzentration in der Luft, entsteht vorwiegend an heißen Tagen

Stickstoffdioxid (NO_2): ein aus einem Stickstoff- und zwei Sauerstoffteilchen bestehender Stoff, der bei allen Verbrennungsvorgängen entsteht.

Transpiration: Verdunstung von Wasser an den Oberflächen von Pflanzen und Tieren

Treibhauseffekt: Erwärmung der Erdatmosphäre durch Gase wie Kohlenstoffdioxid, Methan und Fluorchlorkohlenwasserstoffe, die die abgestrahlte Wärmestrahlung der Erde zurückhalten

Trittgesellschaft: Gruppe von Pflanzen, die Begehen und Befahren verträgt

Verdichtung: durch Begehung und Befahren des Bodens werden Hohlräume im Boden beseitigt, sodass sich der Boden verdichtet

Versiegelung: Bedeckung des Bodens durch verschiedene Materialien wie Beton und Asphalt. Dadurch wird die Versickerung von Niederschlägen verhindert.

Vertäubung: nach Lärmeinwirkung kurzfristig auftretende Funktionsstörung der Haarsinneszellen

Wintersmog: bei Inversionswetterlagen im Winter auftretender Smog, der u.a. durch Schwefeldioxid und Ruß gekennzeichnet ist

Urbanes Ökosystem: städtisches Ökosystem

Register

Fette Seitenzahlen weisen auf ausführliche Behandlung hin;
f. = die folgende Seite; ff. = die folgenden Seiten.